Adil Zine

Fatigue multiaxiale des élastomères

Adil Zine

Fatigue multiaxiale des élastomères

Vers un critère de dimensionnement unifié

Presses Académiques Francophones

Impressum / Mentions légales
Bibliografische Information der Deutschen Nationalbibliothek: Die Deutsche Nationalbibliothek verzeichnet diese Publikation in der Deutschen Nationalbibliografie; detaillierte bibliografische Daten sind im Internet über http://dnb.d-nb.de abrufbar.
Alle in diesem Buch genannten Marken und Produktnamen unterliegen warenzeichen-, marken- oder patentrechtlichem Schutz bzw. sind Warenzeichen oder eingetragene Warenzeichen der jeweiligen Inhaber. Die Wiedergabe von Marken, Produktnamen, Gebrauchsnamen, Handelsnamen, Warenbezeichnungen u.s.w. in diesem Werk berechtigt auch ohne besondere Kennzeichnung nicht zu der Annahme, dass solche Namen im Sinne der Warenzeichen- und Markenschutzgesetzgebung als frei zu betrachten wären und daher von jedermann benutzt werden dürften.

Information bibliographique publiée par la Deutsche Nationalbibliothek: La Deutsche Nationalbibliothek inscrit cette publication à la Deutsche Nationalbibliografie; des données bibliographiques détaillées sont disponibles sur internet à l'adresse http://dnb.d-nb.de.
Toutes marques et noms de produits mentionnés dans ce livre demeurent sous la protection des marques, des marques déposées et des brevets, et sont des marques ou des marques déposées de leurs détenteurs respectifs. L'utilisation des marques, noms de produits, noms communs, noms commerciaux, descriptions de produits, etc, même sans qu'ils soient mentionnés de façon particulière dans ce livre ne signifie en aucune façon que ces noms peuvent être utilisés sans restriction à l'égard de la législation pour la protection des marques et des marques déposées et pourraient donc être utilisés par quiconque.

Coverbild / Photo de couverture: www.ingimage.com

Verlag / Editeur:
Presses Académiques Francophones
ist ein Imprint der / est une marque déposée de
OmniScriptum GmbH & Co. KG
Heinrich-Böcking-Str. 6-8, 66121 Saarbrücken, Deutschland / Allemagne
Email: info@presses-academiques.com

Herstellung: siehe letzte Seite /
Impression: voir la dernière page
ISBN: 978-3-8381-7365-8

Résumé

Grâce à leurs propriétés mécaniques particulières, notamment leur capacité à subir de grandes déformations d'une part, et à dissiper de l'énergie d'autre part, les élastomères chargés sont de plus en plus employés dans de nombreux domaines industriels. Cette utilisation nécessite une bonne maîtrise de leur comportement mécanique et de leurs propriétés ultimes telles que la rupture aussi bien en sollicitations monotones qu'en sollicitations cycliques.

Après un rappel de la structure physico-chimique des matériaux élastomères, des phénomènes liés à leur comportement mécanique ainsi que des différents modèles permettant de restituer ce comportement, la mise au point d'outils expérimentaux permettant la description du comportement local du matériau étudié (ici Styrène Butadiène (SBR) chargé) est une première étape de ce travail. La modélisation du comportement est développée suivant une approche phénoménologique dans le cadre de l'hyperélasticité.

Le second objectif de notre travail consiste à rechercher un critère de fatigue multiaxiale pour les élastomères. Après une analyse des différentes approches utilisées dans la littérature pour la prédiction de la durée de vie en fatigue de tels matériaux, la variable d'endommagement retenue qui prend en compte les effets des chargements multiaxiaux est celle proposée récemment par Mars en 2001. Cette fonction a la dimension d'une énergie et correspond à la portion de l'énergie de déformation disponible pour ouvrir une fissure fictive dans un plan donné. Un développement analytique de ce critère est effectué dans le cadre des grandes déformations et le résultat obtenu est appliqué à l'ensemble des sollicitations courantes incluant des états de chargements multiaxiaux. La prédiction du plan de fissuration est en bon accord avec les observations expérimentales de la littérature. Afin d'appliquer le critère à l'échelle de la structure, son implémentation dans un code de calcul par éléments finis est réalisée. Une parfaite corrélation est obtenue entre les résultats analytiques et ceux issus des simulations numériques pour l'ensemble des sollicitations classiques, permettant ainsi de valider l'algorithme implémenté. Une particularité importante du critère qui réside dans sa dépendance vis-à-vis du trajet de chargement est également mise en évidence. Finalement, nous avons mené une série de tests expérimentaux de traction uniaxiale et de cisaillement pur en fatigue. La capacité du critère retenu à corréler aussi bien nos résultats expérimentaux que ceux de la littérature est mise en évidence.

Mots-clés : élastomères - hyperélasticité - critère de fatigue multiaxiale - grandes déformations - densité d'énergie de fissuration.

Abstract

Elastomer's ability to undergo large strains without permanent deformation and to dissipate energy makes it ideal for many industrial applications. This use requires a good control of its mechanical behaviour and a formulation of fracture criteria as well in monotonic as in cyclic loadings.

After a review of the physicochemical structure of the elastomeric materials, phenomena related to their mechanical behaviour as well as various models describing this behaviour, the development of experimental procedure allowing to the local behaviour description of the studied material (here Styrene Butadiene Rubber (SBR)) is a first stage of this work. The behaviour modelling is developed according to a phenomenological approach using the hyperelasticity formalism.

The second objective of our work consists in seeking a multiaxial fatigue life criterion for elastomers. After an analysis of different approaches used in the literature for the fatigue life prediction of such materials, the retained damage variable, which takes into account the effects of the multiaxial loadings, is that proposed recently by Mars in 2001. This function has the dimension of an energy and corresponds to the portion of the strain energy density available to open a crack in a given plan. An analytical development of this criterion is carried out, for a Neo-Hookean material, in the case of finite strains framework and the obtained result is applied to all current loadings including multiaxial strain states. The prediction of the cracking plane is in agreement with the experimental observations reported in the literature. Then, the criterion is implemented in an FE program. That allows both the analysis of complex structures and the use of more confident constitutive laws. A FE analysis was achieved for the typical strain fields for which we got analytical solutions. We have primarily found a perfect correlation between the FE results and the analytical predictions, allowing us to validate the implemented algorithm. A significant relevance of the criterion which lies in its dependence with respect to the load history is also highlighted. Finally, we have achieved a set of experimental fatigue tests including uniaxial tension and pure shear loading. The obtained results confirm the efficiency of the retained criterion to describe the fatigue life of rubbers under multiaxial loading.

Keywords: elastomers - hyperelasticity - multiaxial fatigue criterion - large deformations - cracking energy density.

2

Table des matières

5

Zine A, Benseddiq N, M. Naït Abdelaziz M (2011), Prediction of rubber fatigue life under multiaxial loading: Numerical and Experimental investigations, *International Journal of Fatigue, vol. 33, no 10, pp. 1360-1368.*

Liste des tableaux et des figures

11

Introduction générale

La tenue en fatigue des matériaux élastomères est un sujet encore mal connu. Cependant, le besoin croissant de tels matériaux aux bonnes propriétés mécaniques, notamment dans des domaines aussi exigeants tels que ceux de l'automobile et de l'aéronautique, amène les industriels à réaliser des études de plus en plus poussées sur ce type de matériaux.

Plusieurs approches ont été proposées et évaluées pour la prédiction de la durée de vie en fatigue multiaxiale dans les métaux. Pour les élastomères, cependant, les effets du chargement multiaxial ne sont pas encore maîtrisés et donc, aujourd'hui, la capacité de prédire la durée de vie en fatigue sous l'effet de tels chargements complexes est un besoin crucial.

D'un point de vue général, les recherches en fatigue pour les élastomères sont abordées de la même manière que celle utilisée pour les métaux en distinguant deux approches principales. Une approche consistant à prédire la duré de vie d'initiation de la fissure, utilisant la déformation et/ou la contrainte comme paramètres définis en un point matériel. La deuxième approche, basée sur l'idée de la mécanique de la rupture, prédit la propagation d'une fissure particulière d'une taille initiale jusqu'à une dimension critique.

Depuis les années 40, de nombreux travaux portant sur la fatigue des élastomères ont été réalisés. Les auteurs utilisaient des variables globales (déformation, contrainte ou énergie de déformation) pour prédire la durée de vie d'initiation en fatigue de tels matériaux. Bien que certains de ces travaux exploitaient des essais multiaxiaux, rares sont ceux visant à étendre les résultats obtenus sous sollicitations monoaxiales aux sollicitations multiaxiales.

Cinquante ans après, les possibilités du calcul numérique ouvrent la voie au traitement du comportement complexe des élastomères et à l'exploitation des grandeurs locales. Ainsi, sous réserve d'utiliser des grandeurs intrinsèques à la fatigue des élastomères, les résultats d'essais peuvent être transposés aux pièces industrielles. Quelques auteurs ont donc défini des grandeurs représentatives de l'état d'endommagement généralisées aux cas de chargements multiaxiaux afin d'identifier une loi empirique qui les relie au nombre de cycles à l'amorçage. Des travaux récents sur le sujet proposent des paramètres équivalents permettant à la fois de rationaliser les résultats expérimentaux, de localiser l'amorçage des fissures et de prédire leur orientation [MAR01a],[MAR01b],[VER05],[VER06],[SAN06a],[SAN06b]. Cette dernière est devenue discriminante pour la généralisation des grandeurs d'endommagement en fatigue uniaxiale au cas de la fatigue multiaxiale, en particulier pour des approches par plans critiques.

Ce travail de thèse a pour but de contribuer à l'établissement d'un critère de dimensionnement unifié en fatigue multiaxiale des matériaux élastomères. L'étude s'appuiera sur des outils numériques de calcul par éléments finis et sur des essais expérimentaux en chargement uni et multiaxial. Le critère retenu sera implémenté dans un code de calcul afin de permettre le dimensionnement d'éléments structuraux comportant en tout ou en partie de tels matériaux. Ce prédimensionnement permettrait de réduire le nombre d'essais et de prototypes avant industrialisation. Afin de réaliser ces objectifs les étapes suivantes seront menées le long de ce mémoire :

Le premier chapitre présentera un rappel des différentes propriétés physiques des élastomères liées à leur structure moléculaire particulière. Les caractéristiques de la matrice ainsi que le rôle de la vulcanisation et la nécessité du renforcement seront précisés. Dans un second lieu, nous ferrons une description du comportement mécanique des matériaux élastomères incluant l'hyperélasticité non linéaire et les effets dissipatifs. Nous présenterons également un phénomène mécanique particulier que constitue l'adoucissement cyclique (stress-softening) connu sous le nom d'effet Mullins avec les principales interprétations qui lui sont associées.

La deuxième partie du mémoire établira un état de l'art, non exhaustif, de la modélisation du comportement mécanique des élastomères. Ce chapitre s'articulera autour de deux points principaux. Dans un premier temps, nous rappellerons quelques éléments de la mécanique des milieux continus en grandes déformations, puis nous passerons en revue les principaux travaux de recherche établis dans la littérature concernant les modèles de comportement hyperélastique quasi-incompressible des matériaux élastomères mettant en évidence la multiplicité des choix.

Le troisième chapitre propose une revue non exhaustive de la fatigue des élastomères depuis les années 40. Il concernera les deux approches principales qui sont utilisées dans la littérature pour la prédiction de la durée de vie en fatigue de tels matériaux, à savoir l'approche d'initiation et celle de propagation des fissures. Pour chacune des deux approches, nous présenterons les principaux travaux en terme de résultats expérimentaux et de critères qui lui sont associés avec, à chaque fois que nécessaire, les paramètres pouvant influencer la durée de vie en fatigue des milieux élastomères. Précisons à ce niveau que la confidentialité couvrant ce domaine n'est pas un facteur qui facilite le développement et la confrontation d'idées. A l'instar de cette étude, nous conclurons ce chapitre par une identification du critère retenu qui sera développé dans nos travaux ultérieurs.

La caractérisation expérimentale du matériau étudié type Styrène Butadiène (SBR) chargé fera l'objet du chapitre IV. Après une présentation détaillée de ce matériau, nous décrirons le protocole expérimental mis en place ainsi que la nécessité d'avoir recours à un moyen de mesure locale et sans contact des déformations. Des essais monotones de traction uniaxiale et de cisaillement pur seront réalisés afin d'obtenir une base de données exploitable pour la description du comportement local du matériau choisi. Un module d'identification incorporé dans un logiciel de calcul par éléments finis nous permettra d'effectuer une étude comparative de différentes lois constitutives hyperélastiques. Ceci nous conduira au choix de la densité d'énergie de déformation la plus appropriée pour la modélisation du comportement mécanique non endommageable du SBR étudié. Afin de prendre en compte l'adoucissement du matériau du à l'effet Mullins, nous mènerons également des essais cycliques et nous proposerons à la fin de ce chapitre une démarche simple permettant la détermination de l'énergie de déformation d'un cycle stabilisé associée à chaque amplitude de déformation imposée au matériau, sans avoir recours à un modèle robuste.

Enfin le cinquième chapitre sera consacré à la modélisation en fatigue multiaxiale de notre matériau d'étude. Le critère retenu étant identifié dans le chapitre III, il a été introduit récemment par Mars et a permis d'offrir une bonne corrélation des résultats expérimentaux relatifs aux essais de fatigue en traction/torsion et en traction uniaxiale/équibiaxiale menés sur des matériaux élastomères de type caoutchouc naturel (NR) et Styrène Butadiène (SBR) [MAR01a],[MAR01b].

Dans l'objectif de vérifier la pertinence de cette variable d'endommagement pour d'autres types de sollicitations, notre démarche consistera d'abord à faire un développement de son expression analytique en grandes déformations et le résultat obtenu sera appliqué aux différentes sollicitations courantes. L'implémentation du critère dans un code de calcul par éléments finis sera également réalisée afin de l'appliquer à l'échelle de la structure et quel que soit le type de chargement. La confrontation des résultats analytiques précédents à ceux issus des simulations numériques pour les sollicitations classiques permettra de valider l'algorithme implémenté. Egalement à travers quelques simulations numériques, une particularité du critère, qui réside dans sa dépendance vis-à-vis du trajet de chargement, sera mise en évidence. Finalement, nous conclurons notre travail par une validation expérimentale du critère retenu à travers des essais de fatigue en traction uniaxiale et en cisaillement pur et des données expérimentales de la littérature issues de la traction simple et de la torsion.

Nomenclature

a, a_0	Longueur finale et initiale de la fissure
$\underset{\approx}{A}$	Tenseur des déformations d'Euler-Almansi
B	Paramètre de biaxialité en grandes déformations
$\underset{\approx}{B}$	Tenseur des déformations de Cauchy-Green gauche
C_{ij}	Cœfficients hyperélastiques du matériau
CP	Cisaillement Pur
CS	Cisaillement Simple
C_t	Configuration actuelle
C_0	Configuration de référence
$C_{i=1,2,3}$	Racines propres du tenseur des déformations de Cauchy-Green droit
$\underset{\approx}{C}$	Tenseur des déformations de Cauchy-Green droit
dV, dV_0	Elément de volume déformé et initial
$\vec{df}, \vec{df_0}$	Efforts intérieurs de cohésion respectivement dans la configuration déformée et initiale
$\underset{\approx}{D}$	Tenseur de taux de déformation
E	Module d'élasticité
$\underset{\approx}{E}$	Tenseur des déformations de Green-Lagrange
$\underset{\approx}{F}$	Tenseur gradient de déformation
G	Contrainte configurationnelle
G, μ	Module de cisaillement
G^*	Module de cisaillement complexe
G'	Module de conservation
G''	Module de perte
I	Tenseur identité
$I_{i=1,2,3}$	Invariants principaux du tenseur de Cauchy-Green droit
J	Déterminant du tenseur gradient de déformation
k	Constante de Boltzmann
K	Module de compressibilité
L	Fonction de Langevin

16

M, M_0	Point matériel respectivement en configuration eulérienne et lagrangienne
n	Paramètre de biaxialité en petites déformations
n	Nombre de chaînes moléculaires par unité de volume
N	Nombre de segments par chaîne
N_i	Nombre de cycles jusqu'à l'initiation
NR	Caoutchouc naturel
$\vec{n}, \vec{N}$	Normales unitaires respectivement dans la configuration déformée et initiale
p	Multiplicateur de Lagrange ou pression hydrostatique
P	Paramètre d'endommagement
PK_1	Première contrainte principale de Piloa-Kirchhoff (contrainte nominale)
$\vec{R}$	Vecteur unitaire normal au plan matériel dans la configuration initiale
$\vec{r}$	Vecteur unitaire normal au plan matériel dans la configuration déformée
SBR	Styrène Butadiène Rubber
$S_{i=1,2,3}$	Contraintes principales du second tenseur de Piola-Kirchoff (contraintes matérielles)
$\overset{\approx}{S}$	Second tenseur des contraintes de Piola-Kirchoff
t	Temps
T	Période du cycle
T	Température absolue
T, T_c	Energie de déchirement et sa valeur critique
T	Terme de transposition
$T_{i=1,2,3}$	Contraintes principales du premier tenseur de Piola-Kirchoff (contraintes nominales)
$\overset{\approx}{T}$	Premier tenseur des contraintes de Piola-Kirchoff ou tenseur de Boussinesq
$tg(\delta)$	Facteur de perte
TB	Traction Biaxiale
TE	Traction Equibiaxiale
T_g	Température de transition vitreuse
TP	Traction Plane
TU	Traction Uniaxiale
$\vec{u}$	Vecteur déplacement
W	Densité d'énergie de déformation
W_c	Densité d'énergie de fissuration
$\vec{x}(x_1, x_2, x_3)$	Coordonnées eulériennes
$\vec{X}(X_1, X_2, X_3)$	Coordonnées lagrangiennes
α, γ	Cœfficient et exposant de l'équation d'endommagement

γ	Déformation du cisaillement
ε_1	Première déformation principale (déformation nominale)
$\vec{\varepsilon}$	Vecteur déformation associé à un plan matériel donné
$\widetilde{\widetilde{\varepsilon}}$	Tenseur des déformations en petites déformations
θ	Orientation du plan matériel
$\lambda_{1,2,3}$	Elongations principales (rapport des dimensions initiales et finales suivant les trois directions principales)
ν	Cœfficient de Poisson
μ_i, α_i	Paramètres de la densité d'énergie de déformation d'Ogden
ρ / ρ_o	Rapport des masses volumiques dans les configurations initiale et déformée
$\sigma_{i=1,2,3}$	Contraintes principales de Cauchy
$\vec{\sigma}$	Vecteur traction de Cauchy associé à un plan matériel donné
$\widetilde{\widetilde{\sigma}}$	Tenseur des contraintes de Cauchy

Chapitre I :

Généralités sur les élastomères

Sommaire :

I.1. Introduction

Les élastomères font partie de la grande famille des polymères et désignent aujourd'hui d'une façon générale tous les caoutchoucs, naturels ou synthétiques dont les propriétés sont étroitement liées au caractère aléatoire de la distribution et de la nature de leurs chaînes macromoléculaires.

Du coté des avantages, le caoutchouc naturel a d'excellentes caractéristiques physico-chimiques et mécaniques, une très bonne tenue en basse température, une bonne compatibilité avec la plupart des autres matériaux et une grande souplesse de formulation. A l'inverse, certaines caractéristiques font défauts, en particulier sa médiocre résistance mécanique et chimique : sa relative perméabilité aux gaz, une durée de vie assez limitée si les conditions de vieillissement sont sévères et un mauvais comportement vis-à-vis de la plupart des huiles et des solvants usuels. Des tentatives pour remédier aux inconvénients mentionnés ci-dessus, ont permis l'émergence des élastomères de synthèse fournissant une large palette de propriétés et d'utilisation.

L'utilisation des élastomères est aujourd'hui en pleine croissance dans plusieurs secteurs de l'industrie, en particulier dans les domaines de l'automobile et de l'aéronautique. De tels domaines deviennent de plus en plus exigeants en ce qui concerne les performances des pièces et leur fiabilité. Cette utilisation concerne principalement des pièces qui sont étroitement liées à la sécurité et qui sont soumises à de fortes sollicitations statiques ou dynamiques. De ce fait, une bonne connaissance des caractéristiques mécaniques et physiques permettra d'améliorer la conception et d'élargir les domaines d'utilisation de ces matériaux tout en assurant leur durabilité avec un meilleur rendement.

Ce chapitre introductif a pour but d'analyser le comportement des matériaux élastomères tant du point de vue physico-chimique que mécanique. Afin d'en comprendre les mécanismes, un grand nombre d'études ont été réalisées. Nous proposons ici de présenter les principaux résultats relatifs aux propriétés mécaniques des élastomères après avoir donné une description de leur structure moléculaire. L'étude des modèles capables de restituer ces comportements fera l'objet du chapitre II.

I.2. Structure physico-chimique des élastomères

L'élastomère est un polymère constitué de milliers de chaînes longues et flexibles qui possède la faculté de pouvoir supporter de très grandes déformations en revenant quasi-instantanément à l'état de repos une fois la contrainte relâchée. La recouvrance de son état initial est rendu possible grâce à la vulcanisation qui est un processus de création de liaisons chimiques entre les chaînes macromoléculaires, celles-ci formant un réseau tridimensionnel stable. Toutefois l'amélioration des performances d'un élastomère requiert dans la plupart des applications, l'incorporation des charges renforçantes. Leur présence a pour but, principalement, d'accroître les propriétés mécaniques de l'élastomère (rigidité, résistance à la déchirure et propriétés à la rupture), et d'augmenter sa capacité à dissiper en partie l'énergie fournie. Aux petites déformations, la quasi-linéarité du module élastique de l'élastomère disparaît avec l'introduction des charges. Aux grandes déformations, la consolidation augmente considérablement.

En pratique, différents types de charges (silice, noir de carbone, craies et kaolins) sont utilisés mais leur choix reste encore empirique car l'interprétation des mécanismes moléculaires intervenant dans le renforcement reste en partie soumise à discussion.

Dans ce qui suit, nous présenterons les principaux constituants des élastomères chargés pour décrire dans un second lieu leur comportement mécanique aussi bien en sollicitation monotone qu'en sollicitation cyclique.

I.2.1. Structure macromoléculaire

La plupart des élastomères sont obtenus par *polyaddition*, il s'agit d'une réaction de polymérisation en chaîne qui permet d'associer bout à bout des monomères par ouverture d'une double liaison C-C (carbone-carbone) pour obtenir des chaînes macromoléculaires de différentes longueurs, constituées d'enchaînement de motifs monomères.

Ainsi, la chaîne macromoléculaire du caoutchouc naturel (NR) ou polyisoprène cis1,4 est obtenue par polyaddition des milliers voire des dizaines de milliers de monomères isoprène (figure 1).

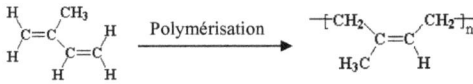

Figure 1. Formule chimique de la macromolécule du caoutchouc naturel (NR).

La même technique est utilisée pour fabriquer le SBR (Styrène Butadiène Rubber) qui est l'élastomère de synthèse dont la production est la plus forte surtout dans l'industrie pneumatique. L'obtention d'une matrice SBR consiste en effet à enchaîner d'une manière aléatoire des unités monomères de types styrène et butadiène pour obtenir un copolymère dit statistique (figure 2).

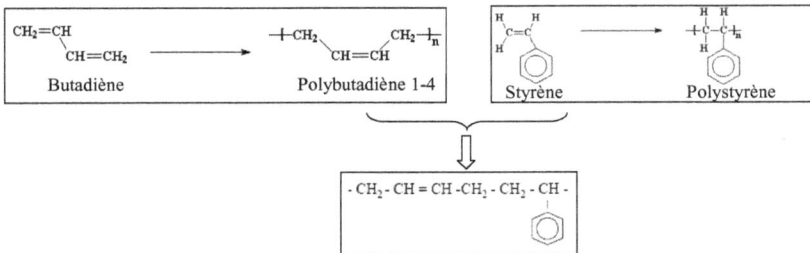

Figure 2. Macromolécule d'un élastomère de type SBR [TRE75].

La représentation des chaînes élastomères est la pelote statistique selon laquelle la macro molécule adopte une conformation désordonnée, enchevêtrée, aléatoire, liée à un état désordonné de la matière, également appelé état amorphe (figure 3).

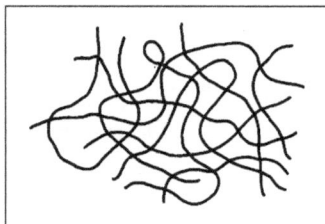

Figure 3. Pelote statistique.

L'enchevêtrement physique des macromolécules contribue en partie à la cohésion de l'ensemble qui, en plus, est renforcée par des liaisons inter-chaînes, comme des interactions entre dipôles de chaînes polarisées, ou par des ponts physiques entre chaînes liés à la formation de pré-réticulation. Cette dernière est rendue possible grâce à la formation d'un réseau tridimensionnel où les chaînes moléculaires ne sont plus linéaires mais ramifiées.

I.2.1.1. Nécessité de la vulcanisation

Bien que la cohésion de l'élastomère puisse être assurée par le biais d'interactions physiques (enchevêtrements moléculaires), aux grandes déformations et après désenchevêtrement des chaînes, il y a prédominance du caractère visqueux provenant du glissement des chaînes les unes par rapport aux autres. Le caoutchouc se comporte en effet comme un liquide du fait qu'il se trouve à température ambiante loin au dessus de sa transition vitreuse. La réticulation ou la vulcanisation est dans ce cas nécessaire pour rendre les macromolécules solidaires entre elles. Elle permet à travers l'addition d'un agent vulcanisant, tel que le soufre, de créer de fortes liaisons covalentes entre les chaînes de l'élastomère, transformant ainsi un amas macromoléculaire indépendant en réseau 3D continu (figure 4).

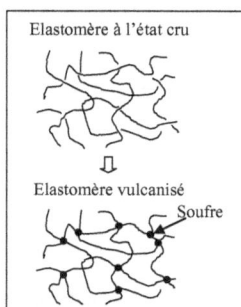

Figure 4. Formation d'un réseau par les ponts sulfures.

Les mouvements des chaînes sont limités, mais leur structure conserve dans son ensemble une grande élasticité. Ainsi, l'élasticité caoutchoutique est assurée par de longues molécules linéaires et flexibles formant un réseau tridimensionnel qui résultent des liaisons pontales suffisamment éloignées pour ne pas trop réduire la flexibilité et la liberté de mouvement des macromolécules.

La vulcanisation peut être réalisée de différentes manières selon l'élastomère, grâce à l'existence de sites actifs au sein du matériau ou grâce à l'action d'un agent vulcanisant aux niveaux des instaurations de la chaîne polymère. La dernière est plus courante pour les élastomères hydrocarbonés. L'agent de vulcanisation le plus répandu est le soufre qui en se fixant sur les chaînes, forme des ponts entre ces dernières comme le montre la figure 4. Cependant, la réticulation avec le soufre ne permet pas de répondre aux exigences de productivités actuelles. Pour cette raison, on fait appel à des accélérateurs, essentiellement organiques, permettant de diminuer le temps de la vulcanisation et de limiter la quantité du soufre introduite. Pour bien développer leur action, Les accélérateurs nécessitent généralement l'addition d'un activateur tel que l'oxyde de zinc (ZnO). La faible solubilité naturelle de l'oxyde de zinc dans les élastomères est améliorée par l'adjonction d'acide gras (acide stéarique). Ainsi, la figure 5 illustre les différentes étapes principales de la vulcanisation d'un élastomère avec du soufre. Dans un premier temps, le complexe activateur qui permet la réaction est créé puis mélangé à l'agent de vulcanisation (classiquement le soufre) pour former le complexe actif. Ce produit est mélangé au caoutchouc initiant ainsi le processus.

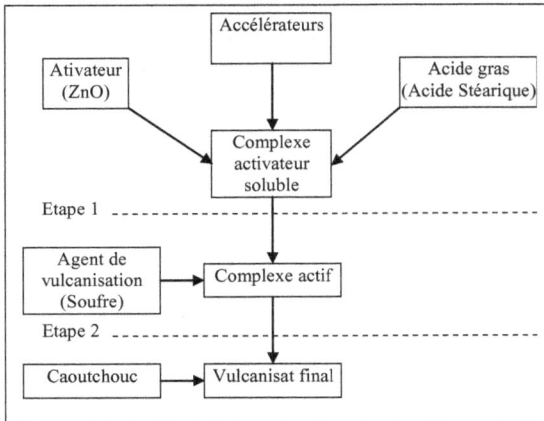

Figure 5. Processus complet de la vulcanisation.

Notons enfin que la densité de réticulation (conventionnellement de 50 jusqu'à 100 maillons entre deux ponts) pilote le comportement global du matériau. Elle agit d'une manière significative sur les propriétés statiques et dynamiques de l'élastomère tel que le résume la figure 6.

23

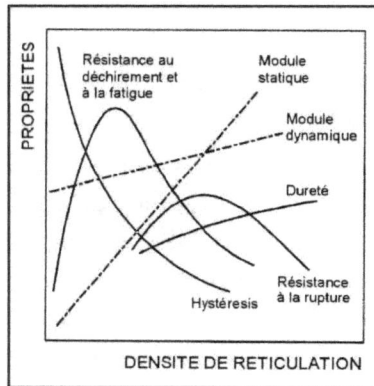

Figure 6. Taux de réticulations et propriétés mécaniques [BOU97].

On remarque, en effet, que certaines caractéristiques mécaniques sont nettement améliorées lorsque le degré de réticulation augmente tandis que d'autres se dégradent. Il n'existe pas donc un caoutchouc "idéal" remplissant toutes les fonctions souhaitées. On parlera toujours de compromis de propriétés. Le choix du bon matériau, permettant d'aboutir à des solutions bien adaptées au besoin, est donc une étape extrêmement importante dans les phases de conception des produits.

I.2.1.2. Nécessité du renforcement

A la température ambiante, l'élastomère amorphe réticulé (ou vulcanisé) possède des propriétés élastiques stables. Néanmoins, ses faibles caractéristiques mécaniques et chimiques constituent un handicap pour son utilisation dans une large gamme d'applications industrielles. Bien que l'élastomère puisse atteindre un allongement jusqu'à dix fois sa longueur initiale sous des contraintes relativement faibles, une telle élasticité n'a qu'un intérêt pratique limité. En effet, la rigidité d'un vulcanisât, sa résistance à l'abrasion ou à la fatigue, la conservation d'une bonne élasticité, malgré des sollicitations répétées et quelles que soient les conditions extérieures, sont des facteurs essentiels pour une pièce en élastomère. De plus, sur le plan économique, on cherche presque toujours à diminuer le prix de revient d'une pièce, à condition, évidemment, d'en conserver et même, si c'est possible, d'en améliorer les propriétés. Ce sont des considérations qui ont conduit à l'introduction des charges renforçantes dans les élastomères permettant ainsi d'élargir leurs domaines d'utilisation et dans certains cas de réduire considérablement le coût du matériau fini. Habituellement on classe les charges en deux catégories distinctes :

Les charges renforçantes ou semi renforçantes qui ont un effet marqué sur le comportement du vulcanisât. Ce sont essentiellement les noirs de carbone, qui confèrent à l'élastomère sa couleur noire, les silices, les kaolins, les silicoaluminates et les carbonates de calcium.

24

Les charges inertes ou diluantes telles que la craie naturelle ou bien les talcs qui sont souvent utilisées en association avec les charges renforçantes ou semi renforçantes et elles sont plutôt employées pour réduire le coût du produit fini.

Il est intéressant de signaler qu'indépendamment de l'influence de la teneur en charge, l'effet renforçant est également lié à plusieurs paramètres qui caractérisent la charge tels que :

La surface spécifique qui est la surface développée par la charge par unité de masse. Elle est d'autant plus élevée que la taille de la particule est faible. A titre d'exemples, elle est de l'ordre de 10 à 40m²/g pour les kaolins, de quelques m²/g à 150m²/g pour les noirs de carbone et elle peut atteindre 400m²/g pour certaines silices [BOU97].

La structure de la charge qui résulte généralement de la formation d'agrégats de particules individuelles associées entre elles. Plus elle est élevée, plus les modules sont importants.

L'activité chimique de la surface qui permet de contrôler les interactions entre les charges elles même et entre les charges et la matrice élastomère. Ainsi, les noirs de carbone comportent des sites chimiquement actifs qui contribuent à l'amélioration des interactions noir/élastomère et en conséquence des propriétés.

Précisons finalement que les élastomères chargés utilisés dans le secteur de l'industrie requièrent une préparation et un choix d'ingrédient précis. Parmi les ingrédients d'une formulation typique, on retrouve le plus souvent :

- la matrice de base (telle que le caoutchouc naturel (NR) ou Styrène Butadiène (SBR) par exemple) ;

- l'agent de réticulation (tel que le soufre) qui permet la vulcanisation de la matrice ;

- des accélérateurs qui accélèrent la cinétique de réticulation ;

- des activateurs, qui combinés à l'accélérateur, forment un complexe soluble permettant une réaction homogène (ex : ZnO) ;

- des agents mouillants-activateur pour faciliter l'incorporation des différents constituants de la réaction (acide stéarique) ;

- des charges renforçantes de silice ou de noir de carbone permettant d'accroître les propriétés mécaniques de l'élastomère ;

- des antioxydants qui retardent la dégradation de l'élastomère et assurent la protection à long terme contre le vieillissement.

I.2.2. Température de transition vitreuse

Comme pour tous les polymères, les matériaux élastomères peuvent admettre deux états : l'état vitreux qui se traduit par l'apparition d'un édifice ordonné tout à fait comparable à celui des métaux et l'état amorphe (caoutchoutique) qui correspond à un état désordonné de la matière (figure 7). L'existence des deux régimes de comportement des élastomères résulte de la variation de mobilité moléculaire en fonction de la température.

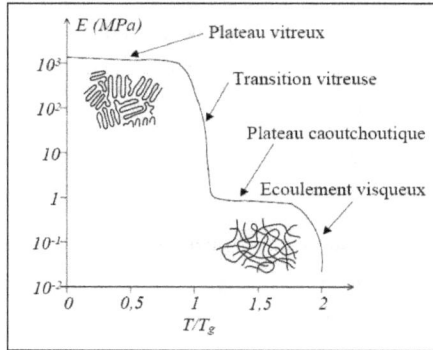

Figure 7. Etats de l'élastomère en fonction de la température.

En effet, à basse température, l'élastomère est dans l'état vitreux. Le module mesuré est de l'ordre de quelques GPa. Cette rigidité est due au grand nombre d'interactions de type Van der Waals entre les chaînes. L'énergie mise en jeu dans les interactions entre les segments est supérieure à celle de l'agitation thermique. Quand la température augmente, l'élastomère passe à un état caoutchoutique et on observe une diminution brutale de son module élastique (compris entre 0.1 et 1 MPa pour les élastomères non chargés). A ce stade, l'agitation thermique devient prédominante sur les interactions des chaînes.

Le point de transition entre les deux états est caractérisé par la température de transition vitreuse T_g. Cette température dépend de la composition des chaînes ; elle est toujours très basse pour les élastomères (comprise entre -100°C et -50°C), ce qui explique que ces matériaux soient toujours utilisés à l'état amorphe dans un environnement ambiant.

Signalons finalement que, même à température ambiante, certains élastomères présentent une aptitude à cristalliser sous contraintes (lorsqu'ils sont très étirés). Ce phénomène est généralement imputé à l'alignement progressif des chaînes étirées qui s'empilent tendant ainsi à minimiser leur énergie de conformation. A titre d'exemple, le caoutchouc naturel présente une structure moléculaire régulière qui favorise sa cristallinité partielle. Le taux de cette cristallinité semble être de l'ordre de 10% pour des déformations de l'ordre de 500% [MUR02].

I.3. Description du comportement mécanique des milieux élastomères

I.3.1. Comportement monotone

Malgré la diversité des élastomères utilisés (Caoutchouc Naturel, Styrène Butadiène, Néoprène...) et la multitude des formulations suivant les propriétés chimiques et/ou mécaniques souhaitées, les comportements qui apparaissent demeurent cependant très caractéristiques. En effet, dans la majorité des applications, l'élastomère travaille dans l'état caoutchoutique et dans un domaine de très faible sollicitation (de l'ordre de quelque pourcents de déformation), son comportement est considéré linéaire [FLO67] : le module E_0 est donc indépendant de la déformation (ou de la contrainte) appliquée. Pour les plus grandes déformations, on observe un comportement hyperélastique non linéaire comme le montre la courbe contrainte-déformation de la figure 8. Dans ce cas, on parle généralement de modules tangents associés à des nivaux de déformation donnés (100%, 200%, 300%....). Ces modules (de l'ordre de quelques MPa) sont directement liés à l'enchevêtrement des chaînes (liaisons physiques), à la réticulation (liaison chimiques) et éventuellement aux charges que contient l'élastomère.

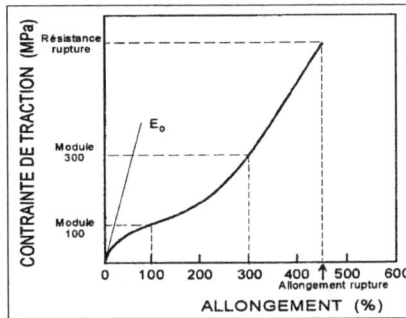

Figure 8. Courbe contrainte-déformation typique d'un élastomère [BOU97].

Il faut également évoquer la quasi incompressibilité des matériaux élastomères compacts : leur module de compressibilité K varie généralement entre 1000 et 3000 MPa, alors que l'ordre de grandeur du module de cisaillement est de quelques MPa. Cette différence signifie que le caoutchouc ne varie guère de volume et son comportement est ainsi quasi incompressible. Pour la plupart des applications, la modélisation du comportement hyperélastique non linéaire de l'élastomère suppose donc une incompressibilité complète. Néanmoins, si cette hypothèse simplifie grandement la plupart des calculs analytiques, elle pose un grand problème pour les calculs des structures en éléments finis par exemple (problème de convergence) et peut entraîner des résultats de calculs erronés pour certaines pièces confinées.

27

Notons finalement que pour le cas du matériau étudié (SBR), l'introduction des charges au sein de la matrice modifie la courbe contrainte-déformation obtenue lors d'un essai de traction (figure 9). En effet, le renforcement se manifeste par une augmentation de la contrainte à une déformation donnée et une amélioration des propriétés à la rupture (augmentation de la déformation et de la contrainte à rupture). L'utilisation des charges renforçantes dans la matrice SBR permet alors à la fois d'obtenir un effet de renfort et d'améliorer les propriétés à rupture du matériau.

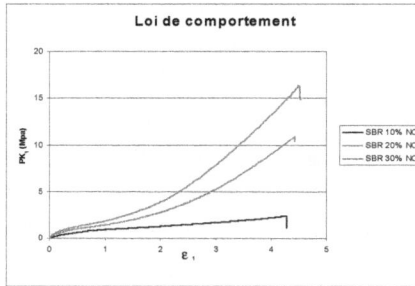

Figure 9. Influence du taux de charges sur le comportement mécanique du SBR.

I.3.2. Comportement cyclique

En plus de l'hyperélasticité non linéaire qui caractérise le comportement monotone de l'élastomère, ce matériau présente d'autres particularités lorsqu'il est soumis à une sollicitation cyclique dont la dépendance en temps de sa réponse mécanique.

I.3.2.1. Effet Payne

Dans le comportement hyperélastique des élastomères, on peut remarquer une raideur très importante de ces matériaux et une forte non linéarité de leur comportement aux faibles déformations. Ce phénomène, connu sous le nom d'effet Payne [PAY60], est lié à la présence des charges dans la matrice élastomère.

En effet, les élastomères ont la particularité de présenter simultanément deux composantes mécaniques : le comportement du solide caractérisé par un module élastique, d'origine entropique et le comportement visqueux du liquide se manifestant par un retard à la réponse et une perte d'énergie à chaque cycle de déformation. On parle ainsi de comportement viscoélastique. On peut ainsi caractériser les propriétés viscoélastiques d'un élastomère en mesurant sa réponse en sollicitation dynamique. La déformation se décompose en deux composantes, l'une est en phase par rapport à la contrainte appliquée (déformation élastique de module G'), l'autre est en quadrature retard (déformation visqueuse de module G'') (figure 10) [MAR98]. On a donc $G^* = G' + iG''$ où G' est le module de conservation (relié à l'énergie élastique emmagasinée) et G'' est le module de perte (relié à l'énergie visqueuse dissipée). On définit également le facteur de perte $\tan(\delta) = \dfrac{G''}{G'}$ qui mesure la perte d'énergie par frottement interne du matériau.

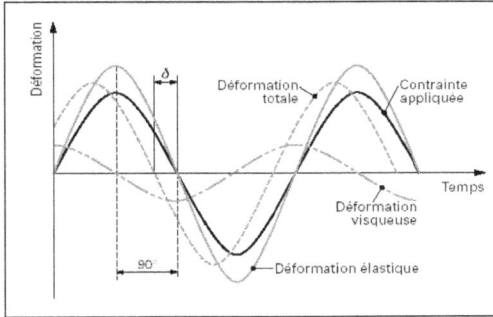

Figure 10. Composantes de la déformation en régime sinusoïdal pour un élastomère [MAR98].

Ainsi, la figure 11 montre que le module initiale G_0' d'une matrice non chargée, correspondant au module dans le plateau caoutchoutique discuté auparavant, reste constant alors que celui d'une matrice chargée chute au cours de la déformation du cisaillement γ. Précisons, Néanmoins, que l'élastomère chargé présente un module plus important que celui de la matrice quel que soit le niveau de déformation ; ceci est dû à la présence d'une phase (charge) plus rigide que la matrice.

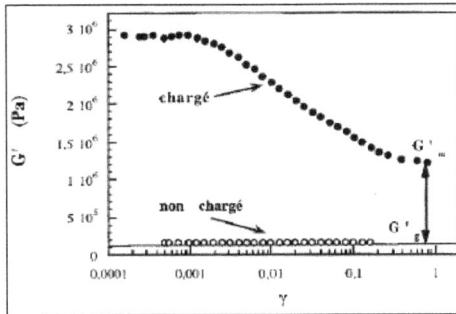

Figure 11. Courbe typique de l'effet Payne pour un élastomère chargé [CLE99].

Par ailleurs, le module de perte $(\tan(\delta) = \dfrac{G''}{G'})$ présenté sur la figure 12 est en évolution pour une bonne partie de la déformation traduisant une dissipation d'énergie de l'élastomère chargé.

Notons enfin, que d'autres paramètres pouvant influencer l'amplitude de l'effet Payne ne sont pas présentés dans ce mémoire. Nous citerons à titre d'exemple la fraction volumique des charges, leur dispersion dans la matrice, leur surface spécifique ainsi que leur structure. Le lecteur intéressé par ce sujet pourra se reporter à la thèse citée en référence [CLE99].

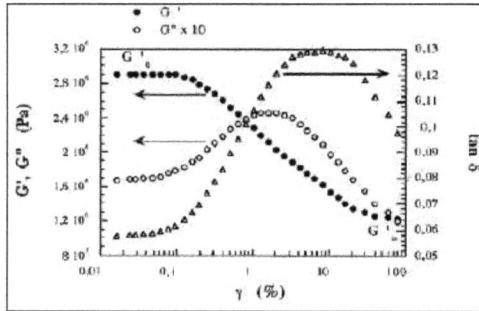

Figure 12. Evolution du module élastique, du module de perte et du facteur de perte avec la déformation [CLE99].

I.3.2.2. Viscoélasticité

En chargement dynamique, le comportement des élastomères s'éloigne du comportement hyperélastique du fait de l'existence de quelques processus irréversibles. En effet, si l'on trace sur un diagramme contrainte-déformation une courbe de traction cyclique d'un élastomère, on peut constater que, pour chaque cycle, la courbe du chargement ne se superpose pas avec celle du déchargement (figure 13). Le comportement n'est donc pas parfaitement élastique et il est dû à une dissipation d'énergie sous forme de chaleur dont la quantité correspond à l'aire entre les deux courbes. Cette hystérésis est liée directement à la nature viscoélastique de l'élastomère qui résulte microscopiquement de la friction des chaînes macromoléculaires entre elles, de la friction chaînes/charges ainsi que des interaction charges/charges [HEU97],[LU91]. On remarque, néanmoins, que l'énergie dissipée est d'autant plus importante pour le premier cycle et se stabilise au fur et à mesure du chargement.

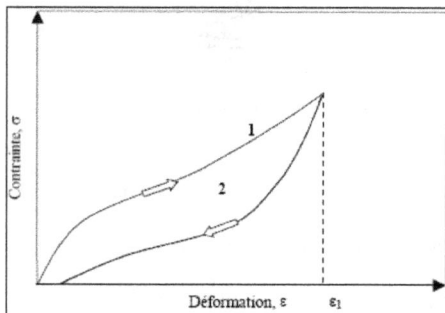

Figure 13. Représentation de la viscoélasticité dans l'élastomère.

30

Signalement également que pour le caoutchouc naturel faiblement chargé, l'hystérésis reste très faible tant que les déformations sont modérées [SAN01]. Par contre, si le mélange est chargé, l'hystérésis augmente avec les charges [LIN74].

I.3.2.3. Effet Mullins

Lorsqu'un chargement cyclique est appliqué sur un élastomère, il est couramment observé que son comportement mécanique, représenté par le trajet 1 dans la figure 14, est modifié après l'application d'un premier chargement (trajet 2). En effet, Ce dernier entraîne une perte de rigidité pour les chargements suivants, qui peut atteindre plusieurs dizaines de % en fonction de la déformation macroscopique imposée, et une déformation rémanente à l'état relâché (figure 14). Mullins a été le premier à étudier en détail ce phénomène d'adoucissement plus souvent connu sous le nom « d'effet Mullins » [MUL47]. Bien que ce phénomène soit le premier auquel est confronté l'expérimentateur, il est moins étudié puisque le matériau s'adapte en quelques cycles. On remarque en effet qu'à même niveau de déformation maximale, la courbe de chargement du cycle stabilisé et celles des cycles suivants sont quasiment identiques et donc cet endommagement, continu dans le temps, est négligeable par rapport à l'endommagement dû aux premiers cycles de chargement. Mullins a également constaté que si, à partir du cycle stabilisé, la même éprouvette est étirée à un niveau d'élongation supérieur à celui du premier cycle, le matériau retrouve le comportement de la première traction (trajet 1&2). On observe à nouveau une chute de rigidité plus prononcée par rapport au premier adoucissement jusqu'à un nouvel équilibre.

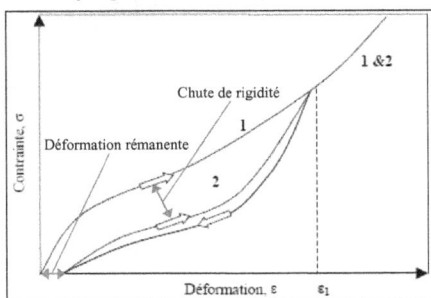

Figure 14. Représentation de l'effet Mullins.

L'adoucissement de la contrainte dû à l'effet Mullins a été constaté dès 1903 par Bouasse et Carriere [BOU03], il a été ensuite étudié de manière très complète par Mullins [MUL47],[MUL69]. Ce dernier a observé que l'adoucissement apparaît aussi bien dans les élastomères purs que dans les élastomères chargés et a démontré que ces matériaux recouvraient partiellement ou totalement leur comportement d'origine sur plusieurs jours à température ambiante. Néanmoins, ce recouvrement est grandement accéléré par la température et 50% de la raideur était recouvrée après une heure à 100°C [MUL47].

Il a été également mis en évidence que le degré d'adoucissement n'était pas identique dans toutes les directions et qu'un comportement mécanique anisotrope se développe lorsque le matériau est sollicité [MUL47],[JAM75b]. L'adoucissement dans la direction perpendiculaire à l'extension est inférieur à la moitié de l'adoucissement dans la direction d'étirement.

L'effet Mullins a été le sujet de nombreuses études et controverses qui n'ont pas amené à une explication unanime de ce phénomène. Dans ce qui suit, nous n'allons pas aborder les différentes approches qui ont été proposées dans la littérature pour la modélisation de l'effet Mullins. Nous nous contenterons donc de donner un aperçu sur quelques interprétations physiques qui lui sont associées.

En effet, dans leurs travaux datant de 1957, Mullins et Tobin [MUL57] ont interprété l'adoucissement comme un phénomène provenant essentiellement de l'endommagement des charges dans le matériau. Ils ont considéré en effet que l'élastomère est constitué d'une phase molle (matrice) et d'une phase dure (charge). Suite à une sollicitation, l'accommodation de la déformation est assurée principalement par la phase mole, ce qui peut entraîner la rupture de la phase dure. Le mécanisme ainsi proposé suppose donc une fraction de la région molle qui évolue avec l'accroissement de l'extension subie par le matériau causant ainsi l'adoucissement observé.

En considérant l'amplification de la déformation locale au sein de la matrice, Bueche [BUE60],[BUE61] explique l'effet Mullins par un mécanisme d'endommagement des chaînes polymériques attachées sur des charges adjacentes. Il suggère en effet, que la rupture d'une chaîne intervient au moment où la distance entre deux charges atteint l'extension limite de celle-ci. Par conséquent, vu la différence des longueurs des chaînes dans le réseau, cette rupture peut se produire à tous les niveaux de déformation, ce qui explique l'adoucissement de la contrainte observé entre deux chargements consécutifs en déformation (figure 15).

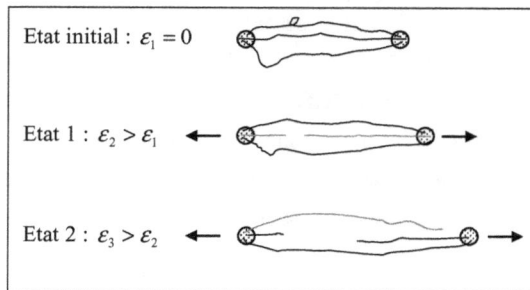

Figure 15. Mécanisme de déformation selon Bueche.

Dannenberg [DAN66],[DAN75], quant à lui, prend en considération des phénomènes à l'interface entre la charge et la matrice et propose un mécanisme, impliquant le glissement des segments des chaînes absorbés sur la surface de la charge sous l'effet de la déformation. Ce glissement permet au réseau d'accommoder la déformation appliquée et prévient ainsi la rupture. Durant ce processus, la contrainte est redistribuée sur les chaînes voisines entraînant un alignement des molécules et une résistance supplémentaire (figure 16). Ce type de comportement implique d'abord que les chaînes emmagasinent de l'énergie qui est ensuite restituée lors du glissement conduisant à un comportement à hystérésis.

L'interprétation de l'effet Mullins par Kilian et al. [AMB91] implique le réseau de charges et sa déformation sous l'effet d'une sollicitation. Ces auteurs suggèrent que lorsque la contrainte dépasse un certain seuil, la structure des agglomérats est irréversiblement brisée et ce phénomène serait responsable de la déformation rémanente après la décharge.

Enfin Harwood et al. [HAR65],[HAR66a],[HAR66b] ont montré que le phénomène d'adoucissement peut être observé sur des élastomères non chargés, invoquant alors d'autres mécanismes tels que le glissement des chaînes.

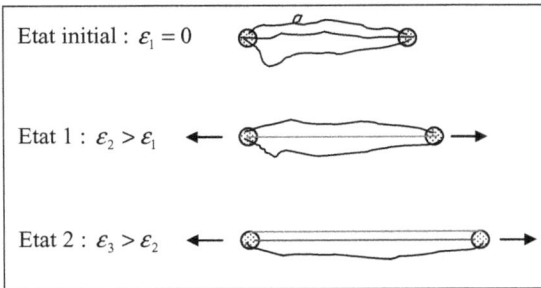

Figure 16. Mécanisme de déformation selon Dannenberg.

Signalons finalement qu'à l'instar de cette brève présentation des différentes propriétés des élastomères, il est clair que le renforcement de ces matériaux s'accompagne d'effets secondaires sur leur comportement mécanique tels que l'effet Payne, l'hystérésis, la déformation permanente ou encore l'assouplissement sous contrainte également connu sous le nom d'effet Mullins. Ce dernier constitue probablement la manifestation la plus typique de l'action renforçante des charges bien que ce phénomène soit aussi observé, mais de façon beaucoup moins prononcée, dans les élastomères non chargés. Là encore, les mécanismes expliquant ce phénomène sont divers et variés. Néanmoins, une majeure partie de ces mécanismes impute ce phénomène aux charges incorporées ou plus exactement à la perte du pouvoir renforçant par ces dernières.

Chapitre II :

Modélisation du comportement en grandes déformations des élastomères

Sommaire :

II.1. Introduction

Comme nous l'avons signalé dans le chapitre précèdent, à température ambiante, les élastomères affichent en général un comportement élastique avec de grandes déformations sous de faibles contraintes. Ce comportement est qualifié d'hyperélastique et sa modélisation mécanique s'avère nécessaire à la prévision de la réponse, de la limite de résistance et de la durée de vie des structures constituées avec de tels matériaux.

Depuis le début des années 40, la description du comportement mécanique des élastomères a suscité un grand intérêt et a conduit au développement de nombreux modèles phénoménologiques et statistiques fondés sur la détermination de la fonction d'énergie de déformation. Malheureusement, vu la complexité de ce comportement, il n'existe pas aujourd'hui de modèles suffisamment robustes capables de le reproduire de manière fidèle indépendamment du trajet et du type de chargement. Il est donc difficile de faire un choix judicieux parmi la multitude de modèles établis dans la littérature, modèles qui sont, pour la plus part, validés à l'aide d'essais spécifiques effectués sur des matériaux donnés et pour des niveaux de déformation bornés.

Une modélisation adéquate du comportement mécanique des élastomères passe alors par le choix d'une loi permettant de reproduire au mieux la réponse mécanique du matériau étudié dans toute la gamme de déformation dans laquelle il sera sollicité. De ce choix dépend la pertinence des simulations qui pourront être faites.

Le but de ce chapitre est de présenter, sans chercher à confronter, quelques modèles théoriques utilisés dans la littérature pour simuler le comportement hyperélastique non endommageable des élastomères. Au préalable, nous rappellerons de manière succincte les principes fondamentaux de la mécanique des milieux continus et nous présenterons les différents essais classiques pour caractériser un élastomère.

II.2. Formalisme des grandes déformations

II.2.1. Description lagrangienne et eulérienne

Avant tout établissement de lois de comportement en déformations finies, il est nécessaire de faire la distinction entre la configuration déformée et celle de départ. Dans le cas où la configuration choisie, pour écrire les équations d'équilibre et calculer les déformations et les contraintes, est la configuration de référence on utilisera le terme de description lagrangienne.

A l'inverse, lorsque la configuration choisie est la configuration actuelle, on parlera de description eulérienne.

En effet, soit un solide en mouvement d'une configuration initiale C_0 à une configuration actuelle C_t (figure 1). Ce mouvement est décrit par la fonction $\vec{x} = \vec{x}(\vec{X},t)$ donnant la position $\vec{x}$ de la particule M à l'instant courant t qui, avant déformation, occupait la position $\vec{X}$. A un instant t donné, cette fonction décrit la déformation du solide entre sa configuration de référence C_0 et sa configuration actuelle C_t. Les coordonnées relatives au repère de la configuration de référence sont dites **lagrangiennes**. Celles relatives au repère de la configuration actuelle sont dites **eulériennes**.

Ainsi, on peut définir le vecteur déplacement comme :

$$\vec{u}(\vec{X},t) = \vec{x}(\vec{X},t) - \vec{X} \tag{II.1}$$

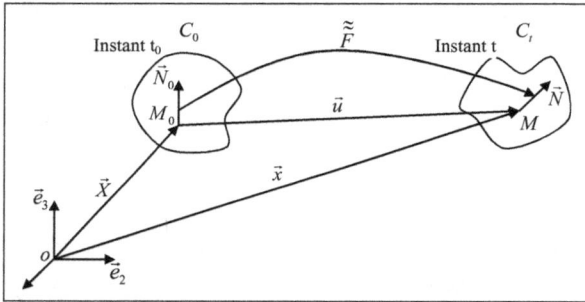

Figure 1. Configuration lagrangienne et eulérienne.

Contrairement aux cas des petites déformations, dans lesquels on peut supposer que le vecteur $\vec{u}(\vec{X},t)$ est très petit, dans le cadre des grandes transformations, les deux configurations initiale et actuelle ne sont plus confondues. Il est donc nécessaire de préciser la configuration pour chaque grandeur et chaque équation.

II.2.2. Gradient de déformation

La fonction $\vec{x}(\vec{X},t)$ définit le mouvement global du solide. Localement, pour décrire ce qui se passe au voisinage d'un point M_0 identifié par le vecteur $\vec{X}$, on introduit **le tenseur gradient de transformation** $\tilde{\tilde{F}}$ tel que :

$$d\vec{x} = \tilde{\tilde{F}}(\vec{X},t)d\vec{X} \tag{II.2}$$

Soit donc :

$$F_{ij} = \frac{dx_i}{dX_j} \tag{II.3}$$

36

F_{ij} sont les composantes du tenseur $\tilde{\tilde{F}}$, x_i et X_j représentent les composantes respectives des vecteurs $\vec{x}$ et $\vec{X}$.

Ce tenseur mixte, appelé également application linéaire tangente, permet de passer de la configuration initiale à la configuration déformée et donne la loi de transformation du vecteur matériel $d\vec{X}$.

Il est aussi possible d'exprimer la loi de transformation d'un élément de volume dV_0 par :

$$\frac{dV}{dV_0} = J = \det(\tilde{\tilde{F}})$$ (II.4)

J étant le déterminant de $\tilde{\tilde{F}}$ qui caractérise la variation du volume en transformation finie.

II.2.3. Tenseurs des déformations

Ces tenseurs permettent de caractériser complètement la variation du solide entre la configuration initiale C_0 et la configuration déformée C_t (les variations de longueurs, d'angles et de dilatations volumiques). Selon la configuration privilégiée, plusieurs mesures des déformations sont possibles :

II.2.3.1. Tenseur des déformations dans la configuration initiale C_0

Si on considère deux vecteurs $d\vec{X}_1$ et $d\vec{X}_2$ dans la configuration initiale qui deviennent respectivement $d\vec{x}_1$ et $d\vec{x}_2$ après déformation, nous pouvons écrire :

$$d\vec{x}_1.d\vec{x}_2 = (\tilde{\tilde{F}}.d\vec{X}_1)(\tilde{\tilde{F}}.d\vec{X}_2) = (d\vec{X}_1.\tilde{\tilde{F}}^T)(\tilde{\tilde{F}}.d\vec{X}_2)$$ (II.5)

Le terme T placé en exposant désigne la transposition.

On introduit alors **le tenseur des déformations symétrique de Cauchy-Green droit** $\tilde{\tilde{C}}$, appelé également tenseur des dilatations défini par :

$$\tilde{\tilde{C}} = \tilde{\tilde{F}}^T\tilde{\tilde{F}}$$ (II.6)

La relation (II.5) devient alors :

$$d\vec{x}_1.d\vec{x}_2 = d\vec{X}_1.\tilde{\tilde{C}}.d\vec{X}_2$$ (II.7)

Le tenseur $\tilde{\tilde{C}}$ décrit les dilatations dans la configuration lagrangienne. Ainsi, les élongations principales λ_i qui représentent le rapport des dimensions mesurées l_i à l'instant t sur celles considérées au repos l_{i0}, correspondent aux racines propres C_i de ce tenseur.

$$\lambda_i = \frac{l_i}{l_{i0}} = \sqrt{C_i} \quad i = 1,2,3 \tag{II.8}$$

Dans le cas où le tenseur gradient de déformation $\widetilde{\widetilde{F}}$ est diagonal (cas où il est exprimé dans la base principale par exemple), les élongations principales λ_i sont les composantes de ce tenseur.

On peut également définir **le tenseur des déformations de Green-Lagrange** $\widetilde{\widetilde{E}}$ dans la configuration matérielle (non déformée) par :

$$d\vec{x}_1.d\vec{x}_1 - d\vec{X}_1.d\vec{X}_1 = d\vec{X}_1.\widetilde{\widetilde{F}}^T.\widetilde{\widetilde{F}}.d\vec{X}_1 - d\vec{X}_1.d\vec{X}_1 = 2(d\vec{X}_1.\widetilde{\widetilde{E}}.d\vec{X}_1) \tag{II.9}$$

Avec : $$\widetilde{\widetilde{E}} = \frac{1}{2}(\widetilde{\widetilde{F}}^T.\widetilde{\widetilde{F}} - \widetilde{\widetilde{I}}) = \frac{1}{2}(\widetilde{\widetilde{C}} - \widetilde{\widetilde{I}}) \tag{II.10}$$

$\widetilde{\widetilde{I}}$ étant le tenseur identité.

II.2.3.2. Tenseur des déformations dans la configuration actuelle C_t

Inversement à l'analyse faite précédemment, il est possible d'exprimer la déformation dans le repère actuel en écrivant :

$$d\vec{X}_1.d\vec{X}_2 = (\widetilde{\widetilde{F}}^{-1}.d\vec{x}_1)(\widetilde{\widetilde{F}}^{-1}.d\vec{x}_2) \tag{II.11}$$

Soit : $$d\vec{X}_1.d\vec{X}_2 = d\vec{x}_1.((\widetilde{\widetilde{F}}^{-1})^T.\widetilde{\widetilde{F}}^{-1}).d\vec{x}_2 = d\vec{x}_1.(\widetilde{\widetilde{F}}.\widetilde{\widetilde{F}}^T)^{-1}.d\vec{x}_2 = d\vec{x}_1.\widetilde{\widetilde{B}}^{-1}.d\vec{x}_2 \tag{II.12}$$

Où $\widetilde{\widetilde{B}} = \widetilde{\widetilde{F}}.\widetilde{\widetilde{F}}^T$ est **le tenseur des déformations de Cauchy-Green gauche** ou encore le tenseur de dilatation en configuration eulérienne.

On a également :

$$d\vec{x}_1.d\vec{x}_1 - d\vec{X}_1.d\vec{X}_1 = d\vec{x}_1.d\vec{x}_1 - d\vec{x}_1.(\widetilde{\widetilde{F}}^{-1})^T.\widetilde{\widetilde{F}}^{-1}.d\vec{x}_1 = 2(d\vec{x}_1.\widetilde{\widetilde{A}}.d\vec{x}_1) \tag{II.13}$$

Avec $\widetilde{\widetilde{A}} = \frac{1}{2}(\widetilde{\widetilde{I}} - (\widetilde{\widetilde{F}}^{-1})^T.\widetilde{\widetilde{F}}^{-1}) = \frac{1}{2}(\widetilde{\widetilde{I}} - \widetilde{\widetilde{B}}^{-1})$ est **le tenseur eulérien des déformations d'Euler-Almansi.**

II.2.3.3. Invariants principaux du tenseur des déformations

Considérons le tenseur des déformations de Cauchy-Green droit $\widetilde{\widetilde{C}}$, ses invariants principaux I_1, I_2 et I_3, apparaissent dans l'expression caractéristique de $\widetilde{\widetilde{C}}$ soit :

$$\det(\widetilde{\widetilde{C}} - \lambda\widetilde{\widetilde{I}}) = -\lambda^3 + I_1\lambda^2 - I_2\lambda + I_3 \tag{II.14}$$

Si on note C_1, C_2 et C_3 les valeurs propres positives de $\widetilde{\widetilde{C}}$, nous aurons alors :

$$I_1 = tr(\widetilde{\widetilde{C}}) = C_1 + C_2 + C_3 = \lambda_1^2 + \lambda_2^2 + \lambda_3^2 \qquad (II.15)$$

$$I_2 = \frac{1}{2}[(tr(\widetilde{\widetilde{C}}))^2 - tr(\widetilde{\widetilde{C}}^2)] = C_1C_2 + C_2C_3 + C_1C_3 = \lambda_1^2\lambda_2^2 + \lambda_2^2\lambda_3^2 + \lambda_1^2\lambda_3^2 \qquad (II.16)$$

$$I_3 = \det(\widetilde{\widetilde{C}}) = C_1C_2C_3 = \lambda_1^2\lambda_2^2\lambda_3^2 \qquad (II.17)$$

II.2.4. Tenseurs des contraintes

Les contraintes sont caractérisées à partir des efforts intérieurs à travers un élément de surface relatif à une configuration donnée (figure 2). Comme pour le cas des déformations, on peut utiliser soit la description lagrangienne ou bien eulérienne ou même une formulation mixte. Rappelons que les trois configurations sont identiques dans le cas des petites déformations.

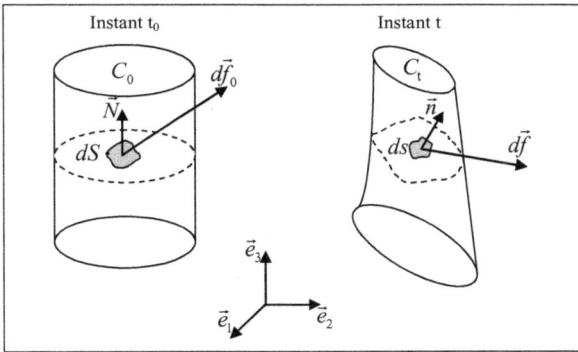

Figure 2. Vecteur contrainte dans la configuration initiale et déformée.

II.2.4.1. Tenseur des contraintes de Cauchy $\widetilde{\widetilde{\sigma}}$

De la même manière qu'en petites déformations, le vecteur contrainte $\vec{\sigma} = \dfrac{d\vec{f}}{ds}$ est défini dans la configuration actuelle comme caractérisant les efforts intérieurs de cohésion $d\vec{f}$ exercés sur une partie du solide à travers un élément de surface ds de normale extérieure $\vec{n}$. On définit ainsi un tenseur des contraintes symétrique et eulérien appelé **tenseur de Cauchy** $\widetilde{\widetilde{\sigma}}$ ou bien **tenseur des contraintes vraies** tel que :

$$d\vec{f} = \widetilde{\widetilde{\sigma}}.\vec{n}.ds \qquad (II.18)$$

II.2.4.2. Premier tenseur des contraintes de Piola-Kirchoff $\tilde{\tilde{T}}$

Si on choisi de décrire l'élément de surface ds par rapport à la configuration lagrangienne, on peut définir un nouveau tenseur des contraintes $\tilde{\tilde{T}}$ tel que :

$$d\vec{f} = \tilde{\tilde{T}}.\vec{N}.dS \qquad (II.19)$$

Où $\vec{N}$ est la normale unitaire à l'élément de surface dS dans la configuration initiale.

Le tenseur des contraintes $\tilde{\tilde{T}}$ est appelé **premier tenseur de Piola-Kirchoff** ou **tenseur de Boussinesq** ou même **tenseur des contraintes nominales**. Comme le tenseur gradient de déformation $\tilde{\tilde{F}}$, $\tilde{\tilde{T}}$ n'est ni lagrangien ni eulérien. En outre, contrairement au tenseur de Cauchy, ce tenseur n'est pas symétrique.

II.2.4.3. Second tenseur des contraintes de Piola-Kirchoff $\tilde{\tilde{S}}$

Il est possible de définir un tenseur purement lagrangien par simple transposition de la surface ds et des efforts de cohésion $d\vec{f}$ dans la configuration initiale. On obtient ainsi le **second tenseur des contraintes de Piola-Kirchoff** $\tilde{\tilde{S}}$ ou **tenseur des contraintes matérielles**. En effet :

$$d\vec{f}_0 = \tilde{\tilde{F}}^{-1}.d\vec{f} = \tilde{\tilde{S}}.\vec{N}.dS_0 \qquad (II.20)$$

Il est également intéressant de signaler que le tenseur $\tilde{\tilde{S}}$ est symétrique mais n'a aucun de sens physique. Néanmoins, son intérêt réside dans le fait qu'il soit la variable duale et conjuguée du tenseur des déformations de Green-Lagrange $\tilde{\tilde{E}}$. Quant aux tenseurs $\tilde{\tilde{T}}$ et $\tilde{\tilde{\sigma}}$, ils caractérisent directement les efforts appliqués et interviennent donc dans l'écriture des conditions aux limites.

Notons finalement que les tenseurs $\tilde{\tilde{\sigma}}$, $\tilde{\tilde{T}}$ et $\tilde{\tilde{S}}$ sont liés par le tenseur gradient de déformation $\tilde{\tilde{F}}$ à travers la relation (II.21) et sont tous confondus dans le cas du formalisme des petites déformations.

$$\tilde{\tilde{S}} = \tilde{\tilde{F}}^{-1}.\tilde{\tilde{T}} = J.\tilde{\tilde{F}}^{-1}.\tilde{\tilde{\sigma}}.\tilde{\tilde{F}}^{-T} \qquad (II.21)$$

II.2.5. Expression de la loi de comportement

D'une façon générale, une loi de comportement est une fonctionnelle décrivant la réponse du matériau et permet de définir un lien entre l'état de contrainte et l'histoire des transformations de ce matériau. Cette loi de comportement doit satisfaire trois principes : le principe de déterminisme ou principe de causalité, le principe d'action locale et celui d'objectivité ou d'indifférence matérielle.

Le principe de causalité impose que l'état de contrainte en un point, à l'instant t, ne dépend que de l'histoire de la transformation du matériau. Le principe de l'action locale impose que l'état de contrainte en un point ne dépend que du voisinage de ce point. Enfin, le principe d'objectivité impose que la loi de comportement doit être indépendante de l'observateur. Finalement, ces trois principes sont vérifiés si on écrit la loi de comportement sous la forme :

$$\widetilde{\widetilde{S}}(t) = \underset{t \leq t_i}{\Gamma}(\widetilde{\widetilde{C}}(t)) \tag{II.22}$$

Ou bien sous la forme :

$$\widetilde{\widetilde{\sigma}} = \underset{t \leq t_i}{\Phi}(\widetilde{\widetilde{B}}(t)) \tag{II.23}$$

Où Γ et Φ sont des fonctionnelles de réponse qui sont définies sur l'histoire des déformations et non pas uniquement à l'instant t_i de déformation.

Il est également intéressant de signaler que lorsque l'hypothèse d'incompressibilité est imposée sur la cinématique du mouvement, les contraintes dans le matériau sont connues à une pression hydrostatique près p et la loi de comportement devient :

$$\widetilde{\widetilde{S}}(t) = \underset{t \leq t_i}{\Gamma}(\widetilde{\widetilde{C}}(t)) - p\widetilde{\widetilde{C}}^{-1} \tag{II.24}$$

Et :

$$\widetilde{\widetilde{\sigma}} = \underset{t \leq t_i}{\Phi}(\widetilde{\widetilde{B}}(t)) - p\widetilde{\widetilde{I}} \tag{II.25}$$

La pression p est déterminée à partir des équations d'équilibre et des conditions aux limites.

II.3. Modélisation du comportement hyperélastique incompressible

L'établissement de la loi de comportement a pour but de relier les contraintes aux déformations. En ce qui concerne notre étude, cette loi de comportement, une fois choisie et identifiée sur la base des essais expérimentaux, est nécessaire pour établir l'état de contrainte et de déformation dans l'analyse par éléments finis à n'importe quel point de la structure testée en fatigue. Notons également que les lois de comportement décrites par la suite supposent une homogénéité et une isotropie du matériau.

II.3.1. Loi de comportement hyperélastique

Pour les élastomères dont le comportement est hyperélastique, il existe une relation non linéaire entre les contraintes et les déformations duales. En effet, dans une configuration déformée, l'état de sollicitation se traduit par une certaine répartition du potentiel de déformation W appelé **densité d'énergie de déformation**. En tout point de la structure soumise à un chargement mécanique, les différentes composantes du tenseur des contraintes peuvent être calculées en dérivant ce potentiel par rapport aux différentes composantes du tenseur des déformations associé. Ainsi, avec l'hypothèse d'**homogénéité**, la loi de comportement peut s'exprimer :

- soit dans la configuration initiale par :

$$\widetilde{\widetilde{S}} = \frac{dW}{d\widetilde{\widetilde{E}}} = 2\frac{dW}{d\widetilde{\widetilde{C}}} \qquad (II.26)$$

- ou bien dans la configuration actuelle par :

$$\widetilde{\widetilde{\sigma}} = \frac{2}{J}\frac{dW}{d\widetilde{\widetilde{B}}}\widetilde{\widetilde{B}} \qquad (II.27)$$

- ou même dans une configuration mixte par :

$$\widetilde{\widetilde{T}} = \frac{dW}{d\widetilde{\widetilde{F}}} \qquad (II.28)$$

D'autre part, vu l'hypothèse d'**isotropie** dans l'état non déformé du matériau (la loi de comportement doit être invariante par rotation de la configuration de référence), la fonction densité d'énergie n'est fonction que des trois invariants du tenseur des dilatations $\widetilde{\widetilde{C}}$, soit :

$$W = W(I_1, I_2, I_3) = W(\lambda_1, \lambda_2, \lambda_3) \qquad (II.29)$$

Signalons également qu'une des principales caractéristiques des élastomères compacts réside dans leur quasi incompressibilité surtout dans les applications où l'effet de la pression hydrostatique est faible [HEU97]. Cette condition se traduit par :

$$J = \det(\widetilde{\widetilde{F}}) = \frac{V}{V_0} = 1, \text{ soit : } I_3 = \det(\widetilde{\widetilde{C}}) = J^2 = 1 \qquad (II.30)$$

Ainsi, la densité d'énergie W ne dépendra que des deux invariants I_1 et I_2 et les contraintes sont exprimées à une pression près. Il est alors nécessaire d'introduire un multiplicateur de Lagrange noté p, qui peut être identifié à la pression hydrostatique, tel que :

$$\widetilde{\widetilde{S}} = 2\frac{dW}{d\widetilde{\widetilde{C}}} - p.C^{-1} \qquad (II.31)$$

$$\widetilde{\widetilde{\sigma}} = 2\frac{dW}{d\widetilde{\widetilde{B}}}\widetilde{\widetilde{B}} - p.\widetilde{\widetilde{I}} \qquad (II.32)$$

$$\widetilde{\widetilde{T}} = \frac{dW}{d\widetilde{\widetilde{F}}} - p.\widetilde{\widetilde{F}}^{-T} \qquad (II.33)$$

Ou encore dans la base principale :

$$S_i = \frac{1}{\lambda_i} \frac{\partial W}{\partial \lambda_i} - p \frac{1}{\lambda_i^2} \qquad i = 1,2,3 \tag{II.34}$$

$$\sigma_i = \lambda_i \frac{\partial W}{\partial \lambda_i} - p \qquad i = 1,2,3 \tag{II.35}$$

$$T_i = \frac{\partial W}{\partial \lambda_i} - p \frac{1}{\lambda_i} \qquad i = 1,2,3 \tag{II.36}$$

II.3.2. Essais classiques pour la construction des bases de données expérimentales

La construction d'une loi de comportement hyperélastique revient à donner une forme particulière à la fonction W. Cependant, une loi de comportement sera d'autant mieux adaptée à un matériau donné qu'elle sera susceptible de reproduire le comportement du matériau quel que soit le mode de déformation considéré. En pratique, les matériaux sont testés sur quelques modes simples permettant l'identification des constantes matérielles à partir de relations contraintes-déformations établies analytiquement. Nous nous proposons ici de répertorier les essais classiques rencontrés dans la littérature et de rappeler les formes analytiques des réponses du matériau en fonction du mode de déformation considéré.

II.3.2.1. Traction Uniaxiale

Ce mode de déformation consiste à étirer l'éprouvette suivant sa longitudinale de direction $\vec{e}_1$ (figure 3). Les contraintes dans la largeur et dans l'épaisseur de l'éprouvette sont alors nulles et la matrice du tenseur gradient de déformation pour une condition d'isotropie et d'incompressibilité s'exprime sous la forme :

$$\widetilde{\widetilde{F}} = \begin{pmatrix} \lambda & 0 & 0 \\ 0 & \lambda^{-1/2} & 0 \\ 0 & 0 & \lambda^{-1/2} \end{pmatrix} \tag{II.37}$$

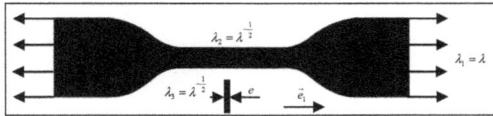

Figure 3. Représentation schématique d'un essai de traction uniaxiale.

Les invariants de $\widetilde{\widetilde{C}}$ sont alors :

$$I_1 = \lambda^2 + 2\lambda^{-1}; \ I_2 = \lambda^{-2} + 2\lambda \ \text{et} \ I_3 = 1 \tag{II.38}$$

Et la seule contrainte principale de Cauchy non nulle est :

$$\sigma_1 = 2(\lambda^2 - \lambda^{-1})(\frac{\partial W}{\partial I_1} + \lambda^{-1}\frac{\partial W}{\partial I_2}) \qquad \text{(II.39)}$$

Où $\frac{\partial W}{\partial I_1}$ et $\frac{\partial W}{\partial I_2}$ représentent les dérivées partielles de la fonction W lorsque celle-ci est écrite en fonction des invariants principaux I_1 et I_2.

Remarquons que la compression uniaxiale est un cas particulier d'extension simple et donc la forme analytique de l'essai de compression est la même pour la traction simple avec $\lambda < 1$.

II.3.2.2. Traction Equibiaxiale

Dans cet essai, l'éprouvette est étendue simultanément avec la même extension suivant deux ou plusieurs directions concourantes. Généralement, pour obtenir ce type d'état de déformation on sollicite radialement un disque de caoutchouc [RAC89] (figure 4a), ou bien on gonfle une éprouvette sphérique (ballon) [HAR66],[ALE71] ou même un disque bridé sur un support [DEV76],[BHA84],[ROB77] (figure 4b). Pour ce dernier cas, l'état d'équibiaxialité n'est existe qu'au pôle, i.e. au centre de l'éprouvette.

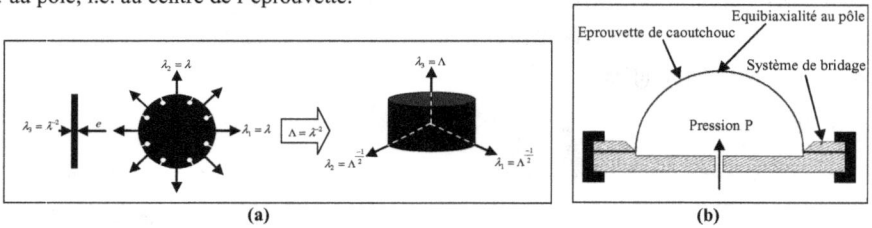

Figure 4. Représentation schématique d'un essai de traction équibiaxiale.

La contrainte dans l'épaisseur de l'éprouvette est nulle et la matrice du tenseur gradient de déformation peut s'écrire sous la forme :

$$\underset{\approx}{\tilde{F}} = \begin{pmatrix} \lambda & 0 & 0 \\ 0 & \lambda & 0 \\ 0 & 0 & \lambda^{-2} \end{pmatrix} \qquad \text{(II.40)}$$

Soit alors les invariants de $\underset{\approx}{\tilde{C}}$:

$$I_1 = 2\lambda^2 + \lambda^{-4} \; ; \; I_2 = 2\lambda^{-2} + \lambda^4 \text{ et } I_3 = 1 \qquad \text{(II.41)}$$

Et les composantes principales du tenseur des contraintes de Cauchy sont :

$$\sigma_1 = 2(\lambda^2 - \lambda^{-4})(\frac{\partial W}{\partial I_1} + \lambda^2\frac{\partial W}{\partial I_2}) \; ; \; \sigma_2 = \sigma_1 \text{ et } \sigma_3 = 0 \qquad \text{(II.42)}$$

Signalons également que pour un matériau isotrope incompressible, l'essai de traction équibiaxiale avec des élongations $\lambda > 1$ dans un plan donné est équivalent à un essai de compression suivant la normale à ce plan (figure 4a). En effet, si on pose $\Lambda = \lambda^{-2}$ (avec $\Lambda < 1$), le tenseur $\widetilde{\widetilde{F}}_{Equ}$ de la traction équibiaxiale correspondra à celui de la compression $\widetilde{\widetilde{F}}_{Comp}$ tel que :

$$\widetilde{\widetilde{F}}_{Equ} = \begin{pmatrix} \lambda & 0 & 0 \\ 0 & \lambda & 0 \\ 0 & 0 & \lambda^{-2} \end{pmatrix}_{(\vec{e}_1, \vec{e}_2, \vec{e}_3)} \cong \widetilde{\widetilde{F}}_{Comp} \begin{pmatrix} \Lambda & 0 & 0 \\ 0 & \Lambda^{-\frac{1}{2}} & 0 \\ 0 & 0 & \Lambda^{-\frac{1}{2}} \end{pmatrix}_{(\vec{e}_3, \vec{e}_1, \vec{e}_2)} \qquad (II.43)$$

II.3.2.3. Cisaillement Pur

Cet essai est un cas particulier de la traction biaxiale, avec une condition particulière : la déformation latérale étant bloquée. Cette dernière condition peut être assurée grâce à la géométrie des éprouvettes si la largeur l est beaucoup plus importante que la dimension longitudinale h (figure 5). A titre d'exemple, Treloar [TRE44] utilise des éprouvettes plaques ayant un rapport $\frac{l}{h} = \frac{75}{5} = 15$.

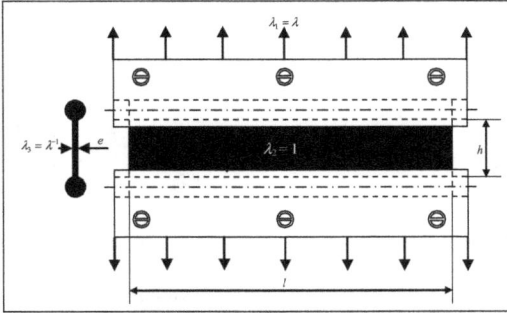

Figure 5. Représentation schématique d'un essai de cisaillement pur.

Dans ce cas le tenseur gradient de déformation s'écrit sous la forme :

$$\widetilde{\widetilde{F}} = \begin{pmatrix} \lambda & 0 & 0 \\ 0 & 1 & 0 \\ 0 & 0 & \lambda^{-1} \end{pmatrix} \qquad (II.44)$$

Et les invariants de $\widetilde{\widetilde{C}}$ sont alors : $I_1 = \lambda^2 + \lambda^{-2} + 1$; $I_2 = I_1$ et $I_3 = 1$ $\qquad (II.45)$

Généralement, l'essai de cisaillement pur s'effectue sur des éprouvettes de faible épaisseur, les seules composantes principales non nulles du tenseur des contraintes de Cauchy sont alors :

$$\sigma_1 = 2(\lambda^2 - \lambda^{-2})(\frac{\partial W}{\partial I_1} + \frac{\partial W}{\partial I_2}) \text{ et } \sigma_2 = 2(1 - \lambda^{-2})(\frac{\partial W}{\partial I_1} + \lambda^2 \frac{\partial W}{\partial I_2}) \qquad (II.46)$$

II.3.2.4. Cisaillement Simple

L'essai de cisaillement simple peut être mené sur des éprouvettes de double ou de quadruple cisaillement [CHA94],[YEO90]. Néanmoins, l'utilisation de ces éprouvettes nécessite des moulages assez lourds du fait des problèmes d'adhésion du caoutchouc aux supports métalliques. Le chargement est exercé suivant deux directions opposées tout en maintenant la hauteur H de l'éprouvette constante (figure 6).

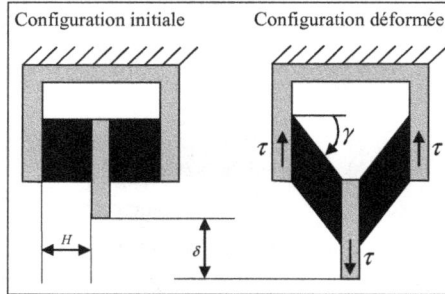

Figure 6. Représentation schématique d'un essai de double cisaillement simple.

Pour cette sollicitation en déformation plane, l'épaisseur de l'éprouvette reste constante et le tenseur gradient de déformation s'écrit sous la forme :

$$\underset{\approx}{\tilde{F}} = \begin{pmatrix} 1 & F_{12} & 0 \\ 0 & 1 & 0 \\ 0 & 0 & 1 \end{pmatrix} \text{ ou bien dans la base principale : } \underset{\approx}{\tilde{F}} = \begin{pmatrix} \lambda^* & 0 & 0 \\ 0 & \lambda^{*-1} & 0 \\ 0 & 0 & 1 \end{pmatrix} \qquad (II.47)$$

F_{12} est le glissement donné par la relation $F_{12} = \dfrac{\delta}{H} = tg(\gamma)$, δ étant le déplacement des supports métalliques dans les directions des efforts et H la hauteur de l'élastomère. Les élongations principales s'expriment sous la forme :

$$\lambda_{1,2}^* = \frac{1}{2}\left[\sqrt{F_{12}^2 + 4} \pm F_{12} \right] = \frac{1}{2}\left[\sqrt{tg^2(\gamma) + 4} \pm tg(\gamma) \right] \qquad (II.48)$$

Les invariants de $\underset{\approx}{\tilde{C}}$ pour le cisaillement simple sont alors :

$$I_1 = 3 + F_{12}^2 \; ; \; I_2 = I_1 \text{ et } I_3 = 1 \qquad (II.49)$$

Et la contrainte de cisaillement est :

$$\tau = 2(\frac{\partial W}{\partial I_1} + \frac{\partial W}{\partial I_2})F_{12} \qquad (II.50)$$

II.3.2.5. Traction Biaxiale

La traction biaxiale dans laquelle λ_1 et λ_2 peuvent prendre des valeurs quelconques constitue le mode de déformation le plus général (figure 7). Certains auteurs ont développé des appareils spécifiques permettant de solliciter des plaques de faible épaisseur suivant deux directions perpendiculaires [TRE75],[KAW81],[JAM75a]. Le gradient de déformation dans la partie utile de l'éprouvette est de la forme :

$$\underset{\sim}{\widetilde{F}} = \begin{pmatrix} \lambda_1 & 0 & 0 \\ 0 & \lambda_2 & 0 \\ 0 & 0 & (\lambda_1\lambda_2)^{-1} \end{pmatrix} \tag{II.51}$$

D'où les invariants de $\underset{\sim}{\widetilde{C}}$:

$$I_1 = \lambda_1^2 + \lambda_2^2 + \lambda_1^{-2}\lambda_2^{-2} \ ; \ I_2 = \lambda_1^{-2} + \lambda_2^{-2} + \lambda_1^2\lambda_2^2 \ \text{et} \ I_3 = 1 \tag{II.52}$$

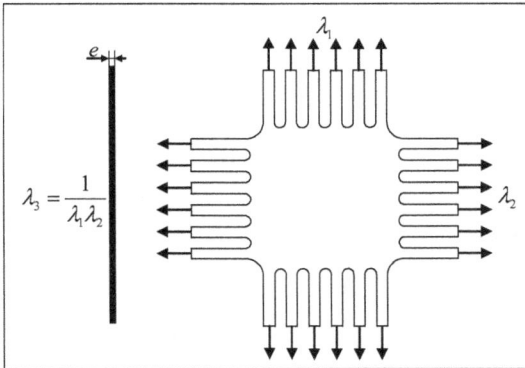

Figure 7. Représentation schématique d'un essai de traction biaxiale.

La contrainte principale de Cauchy hors plan σ_3 est considérée nulle alors que σ_1 et σ_2 sont respectivement :

$$\sigma_1 = 2(\lambda_1^2 - \lambda_1^{-2}\lambda_2^{-2})(\frac{\partial W}{\partial I_1} + \lambda_2^2 \frac{\partial W}{\partial I_2}) \ \text{et} \ \sigma_2 = 2(\lambda_2^2 - \lambda_1^{-2}\lambda_2^{-2})(\frac{\partial W}{\partial I_1} + \lambda_1^2 \frac{\partial W}{\partial I_2}) \tag{II.53}$$

Il faut également préciser que la traction biaxiale peut être considérée comme un cas général de tous les états de déformation en contrainte plane.

Signalons finalement que les résultats de ces essais expérimentaux serviront de base pour le choix et l'identification de la loi de comportement mécanique du matériau. Ainsi, nous donnons à titre d'exemple, dans la figure 8, les évolutions de la première contrainte principale de Piola-Kirchoff

PK_1 (ou T_1) en fonction de déformation principale nominale ε_1 ($\varepsilon_1 = \lambda_1 - 1$) pour un élastomère soumis à des sollicitations de traction uniaxiale, de cisaillement pur et de traction équibiaxiale. La position relative de chacune des courbes par rapport aux autres est caractéristique de tous les élastomères.

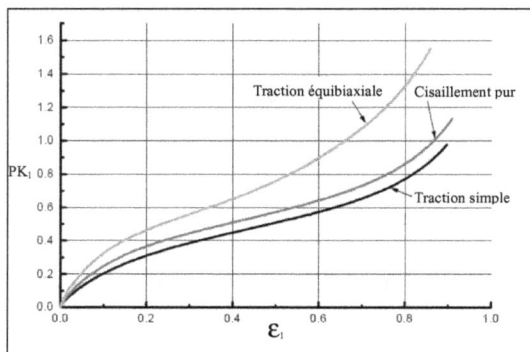

Figure 8. Exemple de résultats expérimentaux issus de la traction uniaxiale, de la traction équibiaxiale ainsi que du cisaillement pur.

Une fois la base de données expérimentale obtenue, une seconde étape consiste à rechercher un potentiel hyperélastique permettant de reproduire le comportement mécanique de l'élastomère au moins dans le domaine de déformations dans lequel a été sollicité et pour les champs mécaniques envisagés. Nous dressons, dans la section suivante, une liste non exhaustive de quelques densités d'énergie de déformation qui ont été établies dans la littérature et qui ont servi pour la modélisation du comportement hyperélastique incompressible des élastomères.

II.3.3. Différentes expressions de la densité d'énergie de déformation

Nous avons vu dans le paragraphe précédent que pour décrire le comportement hyperélastique non endommageable d'un élastomère il faut postuler une densité d'énergie de déformation. De ce fait, deux approches sont possibles pour définir une expression analytique de ce potentiel :

Les approches microscopiques qui identifient le comportement d'une chaîne isolée et tendent de le généraliser à une assemblée statistique de chaînes moyennant un certain nombre d'hypothèses. Mis à part les difficultés théoriques de cette méthode, son avantage est qu'elle fournit des modèles dont les constantes matérielles ont un sens physique.

En revanche, bien que ces modèles moléculaires permettent une description mécanique satisfaisante du comportement des matériaux idéaux monophasés, ils nécessitent une bonne connaissance de leur structure microscopique (densité de réticulation, nombre de monomères par chaîne). En outre, la structure de tels matériaux, supposée parfaite, semble très différente de celle des matériaux réels

48

dont le réseau macromoléculaire correspond à une structure enchevêtrée et contient généralement des charges renforçantes, des chaînes et des cycles pendants. Les hypothèses simplificatrices qui sont faites limitent alors la validité de cette approche, et ce d'autant plus que le comportement de l'élastomère réel s'écarte de celui du matériau idéal.

Une seconde alternative consiste à utiliser les approches macroscopiques ou bien phénoménologiques qui rendent compte directement du comportement mécanique global du matériau sans se préoccuper de sa structure moléculaire. Elles permettent en effet de reproduire d'un point de vue purement mathématique les données expérimentales sans chercher à donner un sens physique aux constantes matérielles.

Nous résumons dans le tableau suivant quelques expressions de potentiels hyperélastiques issus des deux approches précédentes. Une étude plus détaillée sur ces modèles est présentée en annexe.

Notons enfin qu'il n'existe pas une expression de potentiel qui permet une bonne modélisation de tous les phénomènes observables dans le domaine de l'élasticité non linéaire. Néanmoins, en cherchant à trop élargir le domaine de validité d'une loi de comportement, on perd en précision d'approximation pour chaque cas particulier et l'on risque, en outre, d'aboutir à une expression mathématique trop complexe. Cela explique alors la diversité des modèles utilisés dans la littérature, qui sont caractérisés principalement par leurs domaines de validité (type d'expériences et domaines de déformations pour lesquels ces densités d'énergie sont utilisables).

Par ailleurs, l'existence d'un modèle unifié n'est pas un problème en soi tant que l'on n'étudie pas des pièces susceptibles de subir toutes les déformations possibles dans un domaine de déformation très étendu. En revanche, si on s'intéresse à des pièces présentant simultanément des zones peu déformées et d'autres fortement déformées, il serait indispensable de disposer d'un modèle suffisamment robuste.

Modèle	Expression	Année
Néo-Hookéen	$W(I_1) = \dfrac{nkT}{2}(I_1 - 3) = \dfrac{\mu}{2}(I_1 - 3)$	1943
Mooney-Rivlin	$W(I_1, I_2) = C_1(I_1 - 3) + C_2(I_2 - 3)$	1940
Rivlin généralisé	$W(I_1, I_2) = \displaystyle\sum_{ij}^{N} C_{ij}(I_1 - 3)^i (I_2 - 3)^j$	1948
Yeoh	$W(I_1, I_2) = C_{10}(I_1 - 3) + C_{20}(I_1 - 3)^2 + C_{30}(I_1 - 3)^3$	1990
Hart-Smith	$W(I_1, I_2) = C_1 \displaystyle\int_{I_1} \exp[C_3(I_1 - 3)^2]dI_1 + 3C_2 Ln(\dfrac{I_2}{3})$	1966
Ogden	$W(\lambda_1, \lambda_2, \lambda_3) = \displaystyle\sum_{i=1}^{N} \dfrac{\alpha_L}{\mu_i}(\lambda_1^{\alpha_i} + \lambda_2^{\alpha_i} + \lambda_3^{\alpha_i} - 3)$	1972
Gent	$W = -\dfrac{E}{6}(I_m - 3)Ln(1 - \dfrac{I_1 - 3}{I_m - 3})$	1996
Arruda-Boyce	$W(I_1) = nkT.[\dfrac{1}{2}(I_1 - 3) + \dfrac{1}{20\lambda_m^2}(I_1^2 - 9) + \dfrac{11}{1050\lambda_m^4}(I_1^3 - 27)$ $+ \dfrac{19}{7000\lambda_m^6}(I_1^4 - 81) + \dfrac{519}{673750\lambda_m^8}(I_1^5 - 243) + \ldots\ldots]$	1993
Diani	$W(I_1, I_2) = \displaystyle\int_{I_1} \exp[\sum_{i=0}^{n} a_i(I_1 - 3)^i]dI_1 + \int_{I_2} \exp[\sum_{i=0}^{m} b_i(Log(I_2))^i]dI_2$	1999

Tableau 1. Quelques modèles de comportement hyperélastique.

Chapitre III :

Fatigue des milieux élastomères : Etats de l'art

Sommaire :

III.1. Introduction

Les composants en élastomère des machines, des véhicules et des structures sont fréquemment soumis à des charges variables qui peuvent mener à leur rupture par fatigue. Par conséquent, comprendre le phénomène de fatigue sous un chargement multiaxial s'avère très important pour beaucoup d'applications industrielles.

Comme pour les matériaux métalliques, le processus de rupture par fatigue des élastomères est généralement décrit par deux phases : une phase d'initiation de la fissure suivie d'une phase pour sa propagation. Parallèlement, les modèles d'évaluation de la durée de vie des élastomères consistent à déterminer soit les conditions d'initiation d'une première fissure, soit la vitesse de propagation d'une fissure existante grâce aux concepts la mécanique de la rupture.

Dans cette partie du mémoire, nous présenterons un état de l'art concernant la fatigue des matériaux élastomères. L'étude concernera les deux approches principales qui sont utilisées dans la littérature pour la prédiction de la durée de vie en fatigue de tels matériaux, à savoir l'approche d'initiation et celle de propagation des fissures. Pour chacune des deux approches, nous exposerons les principaux travaux de la littérature en terme de résultats expérimentaux et de critères qui lui sont associés avec, à chaque fois que nécessaire, les paramètres pouvant influencer la durée de vie en fatigue des milieux élastomères. Nous conclurons ce chapitre par une identification du critère retenu qui sera exploité dans nos travaux ultérieurs.

III.2. Critères de fatigue des élastomères

Plusieurs approches ont été proposées et évaluées pour la prédiction de la durée de vie en fatigue multiaxiale dans les métaux [FAT88]. Pour les élastomères, cependant, les effets du chargement multiaxial ne sont pas encore maîtrisés et donc, aujourd'hui, la capacité de prédire la durée de vie en fatigue sous l'effet de tels chargements complexes est un besoin crucial.

Les recherches en fatigue pour les élastomères peuvent être divisées en deux approches principales. Une approche consistant à prédire la duré de vie d'initiation de la fissure, utilisant la déformation et/ou la contrainte comme paramètres définis en un point matériel. La deuxième approche, basée sur l'idée de la mécanique de la rupture, prédit la propagation d'une fissure particulière d'une taille initiale jusqu'à une dimension critique.

III.2.1. Approche de propagation des fissures

Cette approche considère que le matériau est préfissuré et donc fait appel aux concepts de la mécanique de la rupture. Son extension aux élastomères est l'œuvre de Rivlin et Thomas [RIV53] qui, à partir des travaux de Griffith [GRI20], développèrent des solutions permettant la quantification d'un paramètre énergétique appelé énergie de déchirement T. Ce terme, qui représente l'énergie mise en jeu pour avancer une fissure d'une longueur initial a_0 jusqu'à une longueur finale a_f, a été développé pour quelques géométries d'échantillons simples à mettre en œuvre (figure 1). Les plus couramment utilisées sont :

- La plaque à fissure latérale (Single Edge Notch in Tension specimen SENT)

- L'éprouvette de cisaillement pur (Pure Shear specimen)

- L'éprouvette pantalon (Trousers specimen)

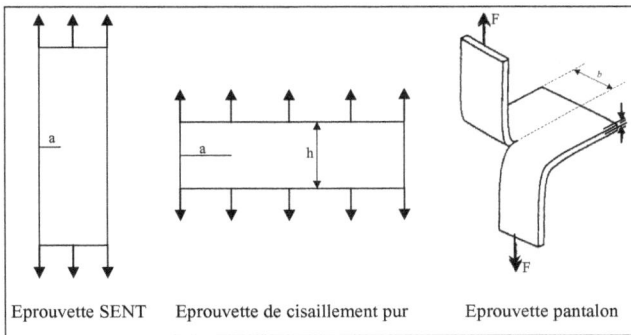

| Eprouvette SENT | Eprouvette de cisaillement pur | Eprouvette pantalon |

Figure 1. Géométries des éprouvettes préfissurées.

Le tableau 1 résume les expressions de l'énergie de déchirement T ainsi que sa valeur critique T_c pour les différentes éprouvettes citées précédemment. Rivlin et Thomas ont également montré que cette valeur critique, conduisant à la propagation instable des fissures sous un chargement statique, est une propriété intrinsèque du matériau indépendamment de la taille de la fissure ni de la géométrie de l'échantillon [RIV53].

Type d'éprouvette	Expression de T	Expression de T_c
SENT	$T = 2.k(\lambda)W_0.a$	$T_c = 2.k(\lambda_c).W_{0_c}.a$
Cisaillement pur	$T = W_0.h$	$T_c = W_{0_c}.h$
Pantalon	$T = \dfrac{2.F.\lambda}{t} - W_0.b$	$T_c = \dfrac{2.F_c.\lambda_c}{t} - W_{0_c}.b$

Tableau 1. Expressions de T pour trois types d'échantillons préfissurés.

Le terme W_0 dans ces différentes expressions représente la densité d'énergie de déformation calculée loin de la fissure et k un facteur de proportionnalité qui dépend de l'élongation. Quelques formulations du paramètre *k* ont été établies dans la littérature [GRE63a],[LAK70],[LIN72],[NAI95].

L'approche de propagation des fissures a été ensuite étalée aux cas des chargements dynamiques par Thomas [THO58] qui a trouvé que le maximum d'énergie de déchirement atteint au cours d'un cycle de fatigue régit la vitesse de propagation des fissures.

Précisons que pour le cas du chargement monotone, la propagation n'a lieu que lorsque le paramètre *T* reste inférieur à la valeur critique T_c. Si cette valeur est dépassée, alors se produit l'amorçage puis la propagation instable de la fissure. Lorsque le chargement est cyclique, le processus est différent et la croissance d'un défaut peut être observée pour des valeurs de *T* très inférieures à T_c. Cette propagation se fait néanmoins de manière stable ; c'est le phénomène de fissuration par fatigue.

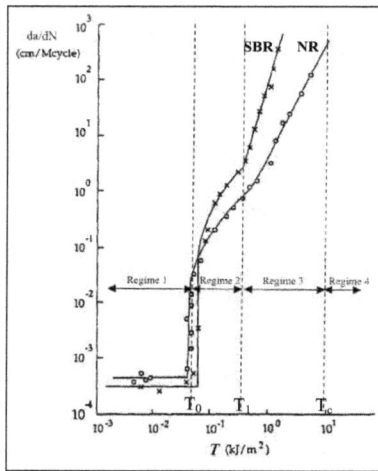

Figure 2. Vitesse de fissuration en fatigue pour des élastomères de type NR et SBR (R=0) [LAK65].

La figure 2 montre l'évolution de la vitesse de propagation des fissures en fonction de l'énergie de déchirement *T* pour deux élastomères non chargés de type NR et SBR sous une sollicitation cyclique de traction uniaxiale à rapport de charge nul [LAK65].

Sur ce graphe, Lake et Lindley ont mis en évidence quatre zones distinctes :

- $T < T_0$: pas de propagation hormis attaque chimique :

$$\frac{da}{dN} = r \qquad (III.1)$$

54

- $T_0 < T < T_1$: la vitesse est directement proportionnelle à T, soit :

$$\frac{da}{dN} = A(T - T_0) + r \qquad (III.2)$$

- $T_1 < T < T_c$: la vitesse varie suivant une loi de puissance, dans ce cas :

$$\frac{da}{dN} = B(T)^C \qquad (III.3)$$

- $T > Tc$: la rupture a lieu au premier cycle à cause d'une propagation instable.

Les paramètres A et B ainsi que l'exposant C dépendent de la nature du matériau. L'exposant C est de l'ordre de 2 pour un caoutchouc naturel et de 4 pour un styrène butadiène [GEN64],[LAK64].

Ainsi, la prévision de la propagation de la fissure, exprimée en fonction de T, est indépendante de la forme et des dimensions d'éprouvettes. La relation entre le taux de croissance de la fissure et l'énergie de déchirement T est alors une propriété intrinsèque de l'élastomère.

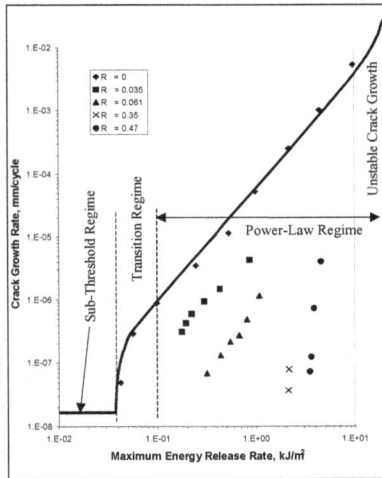

Figure 3. Effet du rapport de charge sur la vitesse de fissuration en fatigue pour un caoutchouc naturel [LIN73].

Notons, par ailleurs, qu'un effet bénéfique du rapport de charge, défini comme le rapport de l'énergie de déchirement minimale et maximale au cours du cycle, sur la durée de vie en fatigue a été observé par Lindley sur un caoutchouc naturel [LIN73]. En effet, lorsque la déformation minimale imposée augmente, les chaînes de ce matériau s'orientent dans la direction de la charge conduisant à l'apparition de zones cristallines au cours de la sollicitation et donc retardent nettement la vitesse de propagation des fissures en fatigue (figure 3).

55

Charrier [CHA02] et ensuite Mars [MAR03a] ont introduit une fonction $f(R)$ dans la relation (III.3) dont les paramètres sont optimisés de telle sorte à obtenir une courbe maîtresse permettant de rationaliser l'effet du rapport de charge sur la vitesse de propagation des fissures en fatigue.

Il est également intéressant de signaler que lorsque l'énergie de déchirement dépasse la valeur T_0, l'hystérésis cyclique devient le facteur important influençant la propagation de fissure. Ainsi, un élastomère ayant une hystérésis importante est plus résistant à la fissuration par fatigue comme le montre la figure 4 [LAK67]. Théoriquement, dans un élastomère parfaitement élastique qui n'a pas de comportement d'hystérésis, la fissure se propage à l'infini dès que l'énergie seuil T_0 est atteinte.

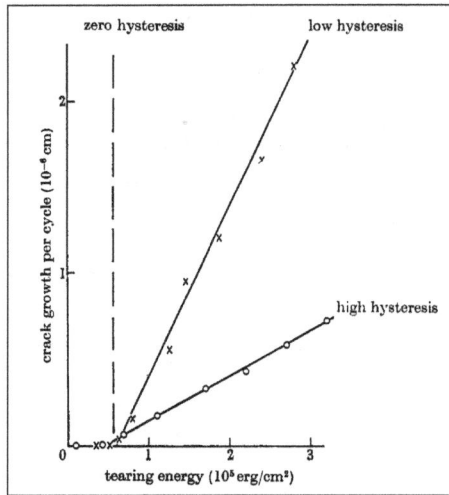

Figure 4. Effet de l'hystérésis sur la vitesse de fissuration en fatigue pour un élastomère [LAK67].

III.2.1.1. Application de l'approche de propagation des fissures aux matériaux non fissurés

Les études portant sur la fatigue des élastomères considèrent quasi systématiquement la propagation des fissures à partir des défauts préexistants. Ces derniers, pouvant être soit des inclusions soit des hétérogénéités de réticulations ou même des défauts de surface, jouent le rôle de concentrateurs de contraintes et par conséquent constituent des sites privilégiés d'amorçage [HES63],[SMI63].

Dans ce sens, l'approche de propagation des fissures a été utilisée avec succès pour la prédiction de la durée de vie d'un matériau non fissuré [LAK64],[GEN64],[LAK65], [MAR03b],[OST05]. En effet, à partir des relations empiriques vues précédemment, la durée de vie en fatigue N_f peut être estimée par simple intégration de celles-ci. Par exemple si on connaît au préalable la taille a_0 de la fissure et en se situant dans zone 3 (figure 2), le nombre de cycles nécessaire pour faire progresser ce défaut jusqu'à une taille critique a_f peut se calculer de la manière suivante :

$$N_f = \int_{a_0}^{a_f} \frac{da}{B(2kW_0 a)^F} = \frac{1}{F-1} \frac{1}{B(2kW_0)^F} \left[\frac{1}{a_0^{F-1}} - \frac{1}{a_f^{F-1}} \right] \qquad \text{(III.4)}$$

Pour un échantillon ne contenant pas de fissure artificielle, l'amorçage se produit à partir d'un défaut intrinsèque, celui ci étant très petit devant la longueur finale de la fissure donc la relation (III.4) devient :

$$N_f = \int_{a_0}^{a_f} \frac{da}{B(2kW_0 a)^F} = \frac{1}{F-1} \frac{1}{B(2kW_0)^F} \frac{1}{a_0^{F-1}} \qquad \text{(III.5)}$$

Si la longueur initiale des défauts dans les élastomères est considérée comme une propriété intrinsèque du matériau, l'équation (III.5) peut être réécrite sous la forme :

$$N_f = DW_0^{-F} \qquad \text{(III.6)}$$

Avec $D = \dfrac{1}{(F-1)} \dfrac{1}{B(2k)^F} \dfrac{1}{a_0^{F-1}}$ une constante du matériau à déterminer.

Quelques tailles de défauts intrinsèques de l'ordre de 20.10^{-6} jusqu'à 50.10^{-6} ont été observées par Lake et Lindley dans différents polymères [LAK65].

La difficulté majeure pour cette approche, dite du défaut intrinsèque, est qu'elle exige une connaissance préalable de l'emplacement et de la taille initiale du défaut qui cause la rupture finale. Souvent, cette information n'est pas disponible. De plus, la mise en oeuvre numérique de l'approche de la mécanique de la rupture reste un travail coûteux. Il y a donc un grand besoin d'algorithmes robustes et polyvalents pour l'analyse de propagation de la fissure dans les élastomères.

D'autre part, les relations précédentes, permettant de quantifier l'énergie de déchirement, ont été établies pour des échantillons simples. Pour des conditions de chargement plus complexes, uniquement une part de l'énergie totale fournie participe à la propagation de la fissure [MAR03a] et donc la dérivation précédente peut sous-estimer la durée de vie du matériau soumis à un tel chargement.

III.2.2. Approche d'initiation des fissures

L'approche d'initiation de la fissure considère que chaque matériau a une durée de vie intrinsèque déterminée par un critère généralement défini en terme de déformations et/ou de contraintes. La pertinence d'un tel critère est directement liée à sa capacité à prédire la durée de vie indépendamment de la géométrie de l'éprouvette et de l'état de sollicitation.

La durée de vie pour l'initiation de la fissure peut être définie comme étant le nombre de cycles nécessaires à l'apparition d'une fissure d'une certaine dimension. Cette approche est particulièrement appropriée dans les cas où les défauts initiaux, qui finalement déterminent la durée de vie, sont trop petits relativement aux constituants du matériau.

Les critères basés sur une combinaison de contraintes ont été largement utilisés dans les analyses en fatigue pour les matériaux métalliques [FAT88]. Cependant pour les élastomères, les critères en élongations ou bien en déformations ont plus de succès du fait de la complexité du calcul de champs de contraintes d'une part, et de l'accès direct aux mesures des déformations d'autre part [MAR02a],[MAR05a].

Les deux critères de durée de vie en fatigue largement utilisés pour la prédiction de l'initiation des fissures dans l'élastomère sont la déformation principale maximale et la densité d'énergie de déformation. La déformation octaédrale de cisaillement a été aussi utilisée, mais moins communément [MAR02a]. La déformation est un choix naturel parce qu'elle est déterminée à partir des déplacements qui peuvent être mesurés directement dans l'élastomère. Quand la densité d'énergie de déformation est appliquée pour l'analyse de la fatigue, elle est souvent estimée à partir d'un model hyperélastique défini entièrement en terme de déformations.

Un critère original a été proposé récemment par Mars et Fatemi [MAR01a],[MAR01b], la densité d'énergie de fissuration qui a la dimension d'une énergie et correspond à la portion de densité d'énergie de déformation disponible pour ouvrir une fissure dans un plan donné. Une approche similaire par plan critique permettant, selon l'auteur, de rationaliser celle de Mars a été également proposée très récemment par Verron [VER05],[VER06]. Cette approche est basée sur la mécanique d'Eshelby, la grandeur ainsi proposée est la contrainte configurationnelle qui correspond à la plus petite valeur propre du tenseur d'Eshelby.

Dans les sections suivantes nous montrerons le principe des différents critères mentionnés précédemment.

III.2.2.1. Critères en déformations

La déformation principale maximale est parmi les critères qui paraissent physiquement pertinent puisqu'il est couramment observé que, dans les cas des chargements proportionnels, les fissures s'initient dans le plan normal à la direction principale maximale. Ce paramètre était utilisé très tôt dans des études en fatigue sur les élastomères. Il a été introduit depuis 1940 par Cadwell et al. qui s'intéressaient à la réponse du caoutchouc naturel renforcé au noir de carbone soumis à un chargement cyclique [CAD40]. Les auteurs sollicitaient des éprouvettes cylindriques de plusieurs formes en traction/compression, en traction/traction et en compression/compression et d'autres éprouvettes de double cisaillement. Les résultats de leurs travaux ont mis en évidence l'influence à la fois de l'amplitude et du minimum de la déformation principale maximale sur la durée de vie en fatigue du caoutchouc naturel non chargé (figure 5).

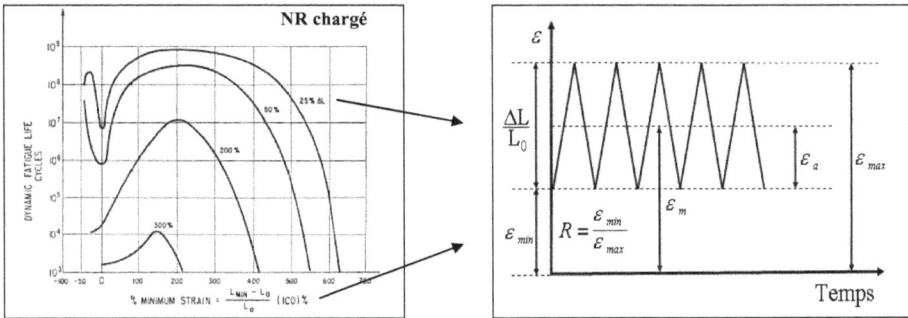

Figure 5. Effet du minimum et de l'amplitude de la déformation sur la durée de vie en fatigue d'un NR [CAD40].

En effet, à travers le diagramme de la figure 5, Cadwell montre qu'à même niveau minimal de déformation, une augmentation de l'amplitude est toujours associée à une diminution de la durée de vie. Ces résultats montrent également que pour une amplitude de déformation donnée, la durée de vie en fatigue du caoutchouc naturel s'améliore, sous l'effet de la cristallisation, lorsque le niveau minimal de la déformation augmente. Cependant, ce constat n'est pas toujours observé puisqu'il existe une valeur minimale seuil de déformation pour laquelle la déformation maximale s'approche de la rupture du matériau et dans ce cas, c'est l'effet de l'endommagement qui l'emporte sur celui de la cristallisation.

Précisons également que même si les travaux de Cadwell englobent des essais uni et multiaxiaux, l'auteur n'a pas cherché une variable d'endommagement permettant de corréler tous ses résultats expérimentaux mais s'est contenté uniquement de s'assurer que leur tendance est la même sous l'effet du minimum et de l'amplitude de la déformation.

D'autres essais de fatigue ont suivi ceux de Cadwell en 1943 dans les travaux de Fielding [FIE43]. Ce dernier a testé deux matériaux élastomères qui cristallisent sous contraintes et deux autres qui ne le sont pas. Il a confirmé d'une part les résultats de Cadwell quant à l'effet bénéfique du minimum de la déformation sur la duré de vie des matériaux cristallisables et il a montré d'autre part que ce phénomène n'est pas observable dans les matériaux non cristallisables. Les mêmes résultats ont été obtenus par Beatty en 1964 sur des éprouvettes Diabolos en NR et en SBR sous à un chargement uniaxial alterné tel que le montre la figure 6 [BEA64].

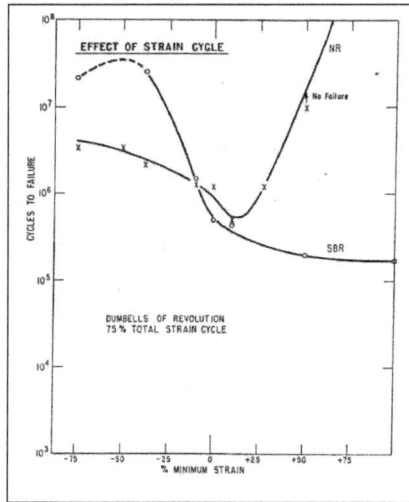

Figure 6. Effet du minimum de la déformation sur la durée de vie en fatigue d'un NR et d'un SBR à amplitude de déformation constante [BEA64].

Cependant, ces dernières conclusions ne sont pas généralisées dans la littérature puisque Robisson a montré par la suite, en 2000, la capacité du SBR chargé à présenter une augmentation de la durée de vie en traction/traction du même type que celui des matériaux cristallisables [ROB00].

Suite à ces travaux, plusieurs auteurs ont exploité l'élongation principale maximale comme paramètre régissant la durée de vie en fatigue des élastomères [ROB00],[ROB77],[LU91]. Leur choix de cette variable était vraisemblablement naturel puisque l'élongation ou la déformation principale maximale traduit l'élongation des chaînes dans la direction la plus étirée.

Notons enfin que le critère de la déformation principale maximale reste en usage aujourd'hui pour des états de sollicitations uniaxiales et donne également une bonne corrélation entre les résultats en fatigue des essais de traction/torsion [MAR05b]. Néanmoins, il ne prédit pas la différence existante entre la traction simple et équibiaxiale [ROB77].

III.2.2.2. Critères en contraintes

Dans le cadre de ses travaux de thèse en 1991, Lu était le premier à utiliser un critère en contrainte pour prédire la durée de vie d'initiation des élastomères cristallisables [LU91]. Bien que le chargement uniaxial qu'il a appliqué à des éprouvettes Diabolos soit symétrique, Lu a exploité uniquement la contrainte maximale de Cauchy. Ce choix était justifié par le fait qu'uniquement la partie en traction du cycle de sollicitation est responsable de la rupture et d'endommagement des chaînes élastomères.

Par la suite, Bathias et al. en 1997 reprennent la même géométrie d'éprouvette utilisée par Lu dans l'objectif d'étudier l'influence de la cristallisation sous contraintes sur la durée de vie en fatigue [BAT97]. Contrairement au choix de Lu, les auteurs préfèrent plutôt travailler en terme de contrainte moyenne variable et d'amplitude de contrainte fixe. Leurs travaux, qui portaient sur trois types d'élastomères, ont confirmé l'effet bénéfique de la cristallisation sous contraintes uniquement sur la durée de vie des matériaux cristallisables. De plus, ils ont montré que la cristallisation n'apparaît qu'à partir d'une contrainte minimale seuil dont la valeur dépend de la température tel que le montre la figure 7.

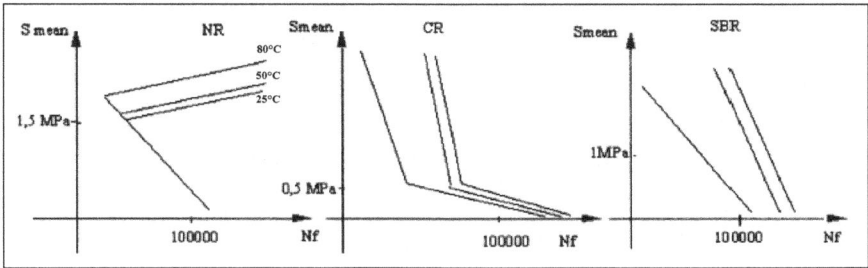

Figure 7. Comparaison des SN courbes pour le NR, le CR et le SBR [BAT97].

Cependant, une étude très récente menée par Abraham et al. a montré que deux matériaux non cristallisables à savoir le SBR et l'EPDM (Ethylene Propylene Diene Monomer) renforcés au noir de carbone voient une augmentation de leur durée de vie sous l'effet du minimum de la contrainte (figure 8). Les auteurs concluent que la contrainte maximale, à elle seule, ne peut pas être retenue comme critère en fatigue uniaxiale même pour les matériaux non cristallisables. Ils ont également trouvé que le seul paramètre insensible au minimum de la contrainte est la densité d'énergie dissipée par cycle [ABR05].

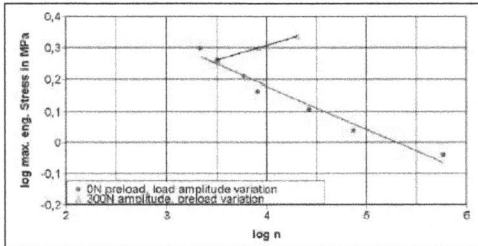

Figure 8. Effet du minimum de la contrainte sur la durée de vie en fatigue d'un SBR chargé [ABR05].

Les études d'André et al. en 1998 qui portaient sur la fatigue d'un caoutchouc naturel ont également exploité l'amplitude et la moyenne de la contrainte de Cauchy pour représenter leurs résultats expérimentaux [AND98],[AND99]. En effet, dans l'objectif de proposer un modèle de prédiction de la durée de vie dans le cas d'un chargement uniaxial, les auteurs sollicitaient des éprouvettes Diabolos en traction/traction et traction/compression à déplacement imposé. Ils ont ainsi regroupé leurs résultats expérimentaux, en terme d'iso-durée de vie en fonction de la contrainte moyenne $\overline{\sigma}$ et de l'amplitude de la contrainte de Cauchy $\Delta\sigma$, dans le diagramme de Haigh représenté sur la figure 9.

Ainsi, ce diagramme peut être divisé en deux parties distinctes. Une première zone regroupant des rapports de charge négatifs ($R < 0$) pour lesquels, à amplitude de chargement constante, la durée de vie et la contrainte moyenne évoluent en sens inverse. Néanmoins, cette tendance (classiquement rencontrée dans le cas des matériaux métalliques) est inversée dans la deuxième zone du diagramme correspondant à un rapport de charge positif ($R > 0$) puisqu'on observe plutôt une augmentation de la durée de vie quand la valeur moyenne de la contrainte croit. Les auteurs lient également cet effet bénéfique de la contrainte moyenne au phénomène de la cristallisation du caoutchouc naturel.

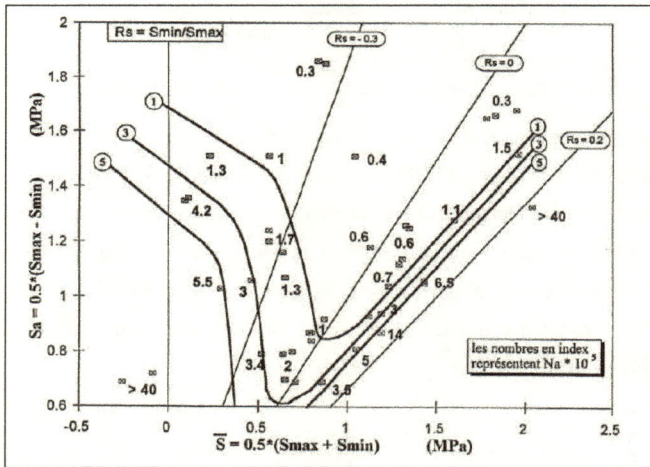

Figure 9. Diagramme de Haigh à deux paramètres, $\overline{\sigma}$ ($\overline{S}$) et $\Delta\sigma$ (S_a) pour la prévision de la durée de vie des essais de fatigue en traction-compression sur Diabolos [AND99].

Basé sur ces résultats expérimentaux, André propose de relier la durée de vie en fatigue N_i à une contrainte équivalente via une loi de puissance selon la forme :

$$N_i = \left[\frac{\sigma_{eq}}{\sigma_0}\right]^{\alpha} . 10^5 \, cycles \qquad (III.7)$$

Avec :
$$\sigma_{eq} = H(-R)(\Delta\sigma + \beta_1\overline{\sigma}) + H(R)(\beta_2\Delta\sigma + \beta_3\overline{\sigma}) \qquad (III.8)$$

H étant la fonction de Heaviside et σ_0 une contrainte de normalisation qui correspond à la valeur prise par σ_{eq} pour N_i égale à 10^5 cycles. Les paramètres $\beta_1, \beta_2, \beta_3, \alpha$ et σ_0 sont à identifier à partir des résultats expérimentaux.

Dans l'objectif d'étendre les grandeurs d'endommagement précédentes aux cas de la fatigue multiaxiale, André a entamé une compagne d'essais en traction/compression sur deux types d'éprouvettes axisymétriques entaillées qu'il a nommées AE2 et AE5 ainsi que des essais de torsion sur des Diabolos et AE2. Pour ces dernières éprouvettes, la mesure de l'orientation des fissures initiées en surface a permis à l'auteur de constater que le plan de fissuration est perpendiculaire à la direction de la contrainte principale maximale. Il propose ainsi d'étendre le critère uniaxial précédent à un critère multiaxial en utilisant non pas l'amplitude de la contrainte axiale $\Delta\sigma$ mais plutôt celle de la contrainte principale $\Delta\sigma^p$ ainsi que la pression hydrostatique $\bar{p}$ à la place de la contrainte moyenne $\bar{\sigma}$ pour prendre en compte la triaxialité du chargement.

Dans le même esprit, les travaux de thèse de Saintier en 2000 débutent par une étude en fatigue uniaxiale avant d'étendre l'analyse aux cas des chargements multiaxiaux [SAN01]. En effet, Saintier a repris les travaux d'André en confirmant la pertinence des paramètres pris en compte pour la prédiction de la durée de vie en fatigue uniaxiale. Néanmoins, pour l'auteur, l'approche d'André dans le cas des chargements multiaxiaux n'est pas envisageable puisque le calcul de l'amplitude de la contrainte principale n'a pas de sens dès lors qu'il existe une rotation du repère des contraintes principales comme c'est le cas pour les essais de torsion sur les éprouvettes Diabolos ou AE2.

Saintier a proposé dans un premier temps de reprendre le diagramme à deux paramètres $(\bar{\sigma}, \Delta\sigma)$. Cette fois-ci, l'amplitude sous chargement multiaxial est exprimée en terme du second invariant du déviateur des contraintes et le terme de moyenne est défini à partir du premier invariant du tenseur des contraintes, c'est-à-dire la pression hydrostatique. Une comparaison des résultats expérimentaux avec ceux prédits par le modèle dans le cas des chargements multiaxiaux permet à l'auteur de confirmer l'incapacité de ce dernier à prédire d'une manière satisfaisante aussi bien la localisation de l'amorçage que la durée de vie en fatigue multiaxiale. De plus, même si le critère proposé en terme d'invariants permet de s'affranchir des rotations du repère des contraintes principales, l'utilisation de telles grandeurs fait perdre l'aspect directionnel d'endommagement qui permet de prédire le plan de fissuration. Saintier utilisera par la suite une approche par plan critique qui permet de prendre en considération l'aspect des mécanismes de renforcement du caoutchouc naturel et celui d'endommagement suivant une direction de l'espace. Il définit ainsi deux variables dans un plan critique permettant de prédire la durée de vie en fatigue ; La première $\Phi_{endom.}$, associée à l'endommagement, est représentée par la valeur maximale atteinte pendant un cycle de la contrainte principale maximale σ_{max}^{Pi}. Ce choix est justifié par l'auteur sur la base de ses observations expérimentales qui montrent que les fissures s'initient dans un plan transverse à la direction de la contrainte principale maximale. Soit donc le plan de dommage maximal (plan de fissures) est le plan sur lequel sera écrit le critère.

Compte tenu du renforcement associé au maintien de la cristallisation à la pointe de fissure au niveau du chargement minimal atteint au cours du cycle, Saintier propose une deuxième variable $\Phi_{renf.}$ proportionnelle à la valeur minimale du taux de cristallisation $X_c(\sigma_{renf.})$ dans le plan de fissuration, soit :

$$\Phi_{renf} = A.X_c(\sigma_{renf.}) \tag{III.9}$$

Une étude par diffraction X du phénomène de cristallisation du caoutchouc naturel a permis à l'auteur d'établir une relation empirique entre le taux de cristallisation X_c et la contrainte de renforcement $\sigma_{renf.}$ telle que :

$$X_c(\sigma_{renf.}) = 0.3(1 - \exp(-D < \sigma_{renf.} - \sigma_{seuil} >)) \tag{III.10}$$

Dans laquelle $< >$ désigne la valeur positive de l'argument, A, D et σ_{seuil} (contrainte en dessous de laquelle il n'existe pas de renforcement) sont des paramètres à optimiser sur les résultats de fatigue. La valeur asymptotique 0.3 dans l'équation (III.10) est en rapport avec le taux de cristallinité maximal (30%) observé par l'auteur sur le caoutchouc naturel.

$\sigma_{renf.}$ représente la contrainte de renforcement qui dépend de l'histoire du chargement vue par le plan de fissuration de normale $\vec{n}$ au cours d'un cycle. Dans le cas du chargement uniaxial, elle a été définie par Saintier comme étant la valeur minimale prise par $\sigma_{\vec{n}}$ au cours du cycle de fatigue, soit, $\sigma_{renf.} = \sigma_{\vec{n},min}$. Cependant, lorsqu'il s'agit d'un chargement multiaxial, le renforcement peut également avoir lieu si le cisaillement en point de fissure est non nul (même si $\sigma_{\vec{n},min} \leq 0$). Ce constat a mené l'auteur à modifier la contrainte de renforcement en introduisant une nouvelle grandeur mécanique, le cisaillement à la fermeture, $\tau_{\vec{n},fermeture}$, soit :

$$\sigma_{renf} = H(\sigma_{\vec{n},min}) * \sqrt{(\sigma_{\vec{n},min})^2 + (\tau_{\vec{n},t=t_{min}})^2} + H(-\sigma_{\vec{n},min}) * \tau_{\vec{n},fermeture} \tag{III.11}$$

Où t_{min} est l'instant de chargement pour lequel la contrainte $\sigma_{\vec{n}}$ est minimale.

Ainsi, la contrainte équivalente introduite par Saintier est calculée à partir des deux variables précédentes, soit :

$$\sigma_{eq} = \frac{\Phi_{endom.}}{1 + \Phi_{renf.}} \qquad \text{(III.12)}$$

Et la durée de vie d'initiation est alors :

$$N_i = \left(\frac{\sigma_{eq}}{\sigma_0}\right)^{\alpha} \qquad \text{(III.13)}$$

En exploitant les résultats expérimentaux issus des différents tests de traction/compression avec ou sans précharge statique en torsion et d'autres essais de torsion sur des éprouvettes Diabolos et axisymétriques, Saintier conclue que le critère proposé permet à la fois de localiser l'amorçage des fissures, leur orientation ainsi que le nombre de cycles à l'amorçage. Pour plus de détails sur le sujet, le lecteur pourra se référer aux derniers travaux de Saintier publiés dans les références [SAN06a],[SAN06b]. Précisons finalement que l'auteur propose de vérifier la pertinence du critère en élargissant sa base de données expérimentale avec des essais de traction/torsion hors phase.

III.2.2.3. Critères énergétiques

a) La densité d'énergie de déformation

L'utilisation de la densité d'énergie de déformation comme variable d'endommagement en fatigue est la manière la plus simple de prendre en compte à la fois la déformation et la contrainte.

Comme nous l'avons constaté auparavant, le premier modèle développé pour étudier la rupture des matériaux élastomères sous chargement statique a été basé sur la densité d'énergie de déformation [GRI20]. Il consiste à déterminer l'énergie de déchirement T qui cause la propagation d'un défaut préexistant dans une structure. Ce modèle a été ensuite étendu pour analyser la propagation des fissures dans de tels matériaux soumis à des charges variables [THO58].

Depuis 1963, la densité d'énergie de déformation entre en usage comme un critère pour prédire l'initiation de la fissure en fatigue dans les milieux élastomères [GRE63b]. Greensmith a en effet présenté ses résultats de fatigue en terme d'évolution de la durée de vie d'un NR et d'un SBR non chargés en fonction de la densité d'énergie de déformation tel que le montre la figure 10.

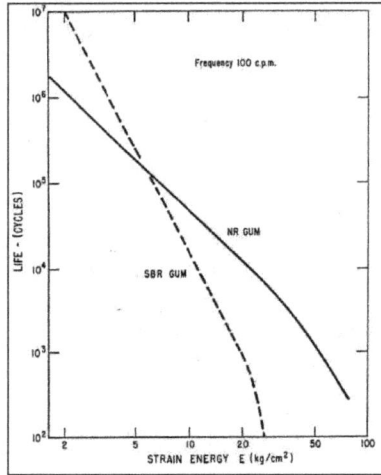

Figure 10. Durées de vie en fonction de la densité d'énergie de déformation [GRE63b].

Par la suite en 1977, Roberts et Benzies ont effectué des essais de fatigue à rapport de charge nul sur des éprouvettes lanières en traction uniaxiale et sur des plaques fines en traction équibiaxiale [ROB77]. Leurs matériaux d'étude étaient le NR et le SBR chargés et non chargés de noir de carbone. Les auteurs ont présenté pour chaque matériau l'évolution de sa durée de vie en fonction de la déformation principale maximale et de la densité d'énergie de déformation. Dans ces travaux, la pertinence de chacune des grandeurs et sa capacité à unifier les résultats expérimentaux n'ont pas été discutées jusqu'à ce qu'une analyse établie par Mars [MAR01a] a montré que pour une densité d'énergie de déformation donnée, la durée de vie en fatigue en traction équibiaxiale est approximativement quatre fois plus longue que celle en traction simple pour le NR, alors que pour le SBR, cette différence a atteint un facteur de 16 (figure 11a). Il est également important de signaler qu'à partir des mêmes données expérimentales, on observe l'inverse du constat précédent si on se base sur le critère de déformation principale maximale (figure 11b).

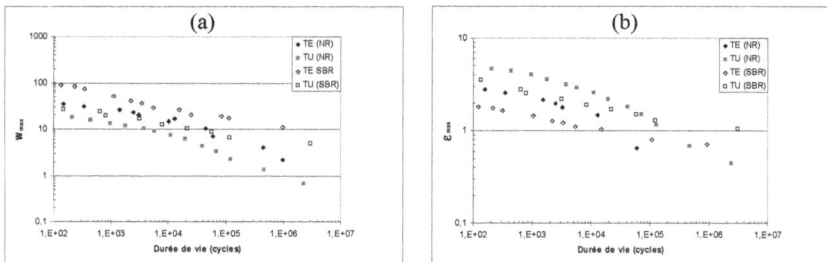

Figure 11. Durées de vie en fonction de la déformation principale maximale et de la densité d'énergie de déformation (données expérimentales de Roberts et Benzies [ROB77]).

66

Appliqués comme critère scalaire, ni la déformation principale maximale ni la densité d'énergie de déformation ne prévoient le fait que les fissures s'initient suivant une orientation donnée et par conséquent ne considèrent pas que, dans des situations de chargement multiaxial, uniquement une part de l'énergie de déformation totale fournie joue le rôle dans le processus d'initiation des fissures. En outre, ces critères peuvent demeurer constants et prévoient une durée de vie infinie en particulier dans les situations de chargements non proportionnels qui ont réellement une durée de vie finie (ouverture et cisaillement cycliques des défauts inclus dans le matériau sans variation de la valeur du critère) [MAR01a],[MAR02a]. Enfin ces deux paramètres ne prennent pas en considération la fermeture de fissures et donc sont incapables de prévoir la grande différence qui peut exister entre les durées de vie en traction et en compression simple.

b) La densité d'énergie de fissuration

Dans des travaux récents, Mars et Fatemi considèrent que les fissures détectées à l'échelle macroscopique proviennent microscopiquement de la propagation des défauts intrinsèques contenus dans le matériau et proposent une grandeur de la mécanique des milieux continus qui tient compte de cette propagation [MAR01a],[MAR02b]. Il s'agit de la densité d'énergie de fissuration qui représente seulement la portion de l'énergie de déformation disponible pour initier une fissure dans une direction donnée de l'espace. Ce critère est défini d'une manière incrémentale par le produit scalaire du vecteur contrainte $\vec{\sigma}$ et du vecteur incrément de déformation $d\vec{\varepsilon}$ en un plan matériel donné comme illustré dans la figure 12.

$$dW_c = \vec{\sigma}.d\vec{\varepsilon} = (\vec{r}^T.\tilde{\tilde{\sigma}}).(d\tilde{\tilde{\varepsilon}}.\vec{r}) \qquad (\text{III}.14)$$

Dans la relation (III.14), $\vec{r}$ représente le vecteur unitaire normal à un plan matériel dans la configuration déformée.

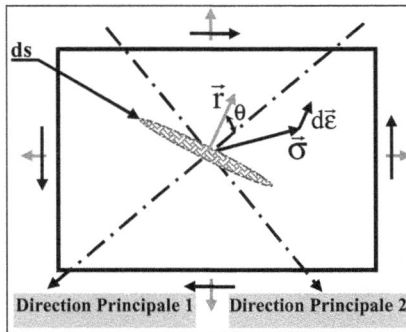

Figure 12. Définition de la densité d'énergie de fissuration.

La démarche concernant le calcul de la densité d'énergie de fissuration W_c consiste d'abord à rechercher pour chaque incrément de déformation dW_{c_i} le plan matériel qui par rapport à sa normale $\vec{r}$ se développe le maximum d'énergie pour ensuite faire une sommation de dW_{c_i} sur l'ensemble des incréments jusqu'au chargement maximal atteint au cours d'un cycle de fatigue. Notons que si dans les métaux on utilise plusieurs paramètres qui régissent la fissuration dans le plan critique (contrainte normale, contrainte de cisaillement), dans le cas des élastomères, on s'intéresse uniquement à une grandeur d'ouverture de la fissure.

Dans l'objectif de prévoir les durées de vies en fatigue du NR et du SBR, Mars et Fatemi ont analysé les données expérimentales relatives aux essais de traction uniaxiale/équibiaxiale de Roberts et Benzies. Ils ont utilisé trois critères cités précédemment, à savoir la déformation principale maximale, la densité d'énergie de déformation et celle de fissuration, et ont conclu que cette dernière est le meilleur paramètre permettant de corréler l'ensemble des résultats expérimentaux (figure 13) [MAR01a]. De plus, ce critère prévoit à la fois la durée de vie pour l'initiation de la fissure en fatigue ainsi que le plan spécifique d'apparition des fissures.

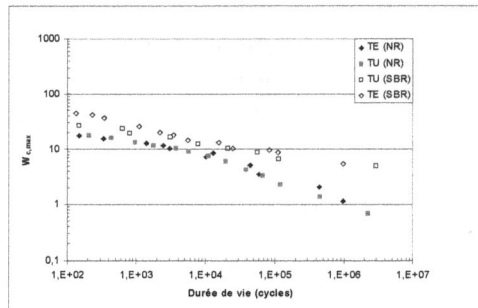

Figure 13. Corrélation entre la traction simple et équibiaxiale (R=0) avec la densité d'énergie de fissuration.

c) La contrainte configurationnelle

La contrainte configurationnelle est une grandeur issue directement de la mécanique d'Eshelby et permet, comme la densité d'énergie de fissuration, de tenir compte de la croissance des défauts au sein de l'élastomère. Très récemment, cette variable a été introduite par Verron et al. dans l'objectif de prédire à la fois la direction de fissuration et la durée de vie en fatigue des milieux élastomères [VER05],[VER06]. En effet, les auteurs reposent sur le postulat de Mars qui suppose que l'élastomère est peuplé de défauts intrinsèques et que l'énergie emmagasinée dans ce matériau n'est pas totalement disponible pour faire croître ces défauts.

D'autre part, pour un matériau homogène, isotrope et incompressible dont le comportement est hyperélastique, on peut associer à chaque défaut entourant un point matériel le tenseur des contraintes configurationnelles ou le tenseur d'Eshelby $\widetilde{\widetilde{\Sigma}}$ tel que :

$$\widetilde{\widetilde{\Sigma}} = WI - \widetilde{\widetilde{S}}\,\widetilde{\widetilde{C}} \qquad (III.15)$$

Ou encore :

$$\widetilde{\widetilde{\Sigma}} = (W + p)I - 2(\tfrac{\partial W}{\partial I_1} + I_1 \tfrac{\partial W}{\partial I_2})\widetilde{\widetilde{C}} + 2 \tfrac{\partial W}{\partial I_2}\widetilde{\widetilde{C}}^2 \qquad (III.16)$$

La variable d'endommagement ainsi proposée, notée G, correspond à la plus petite des valeurs propres $(\Sigma_i)_{i=1,3}$ du tenseur principal $\widetilde{\widetilde{\Sigma}}$ si au moins une de ses valeurs propres est négative, sinon à zéro si toutes les valeurs propres sont positives (cas de la compression hydrostatique par exemple pour laquelle la fissure a tendance à se fermer dans toutes les directions). G s'exprime ainsi par :

$$G = \left| \min\left[(\Sigma_i)_{i=1,3}, 0 \right] \right| \qquad (III.17)$$

De plus, le plan de fissuration considéré est le plan normal au vecteur propre associé à G. D'autre part, puisque le repère principal dans lequel est exprimé les valeurs propres de $\widetilde{\widetilde{\Sigma}}$ est le même que celui de $\widetilde{\widetilde{C}}$ et de $\widetilde{\widetilde{S}}$, l'auteur suggère que l'orientation du plan de fissuration, pour les chargements proportionnels, peut être également obtenue à partir des grandeurs λ_{max} ou σ_{max}. Cette prévision reste néanmoins nécessaire mais non suffisante pour localiser les zones d'amorçage des fissures et prédire la durée de vie d'initiation en fatigue.

Visant à comparer les différentes grandeurs citées précédemment (λ_{max}, σ_{max}, $W_{c,max}$ et G), Le Cam [LEC06] a commencé par une étude théorique en montrant que, pour un matériau Néo-Hookéen, la contrainte maximale σ_{max} évolue de la même manière en fonction de l'élongation principale maximale λ_{max} en traction uniaxiale, en cisaillement pur et en traction équibiaxiale. De ce fait, selon l'auteur, des grandeurs telles que σ_{max} et λ_{max} ne permettent pas de prendre en considération les phénomènes multidirectionnels tels que la cavitation ou la croissance de défauts dans le matériau. Il a également constaté que seules les grandeurs G et W_c présentent un comportement qui diffère en traction équibiaxiale par rapport à la traction uniaxiale et au cisaillement pur.

Par ailleurs, les résultats expérimentaux de Le Cam en traction sur des Diabolos et en torsion sur des éprouvettes AE2 ont montré que la localisation de l'amorçage est mieux prédite par la grandeur G relativement aux autres critères pour le cas des Diabolos alors que pour le cas de la torsion, toutes les grandeurs localisent les mêmes endroits endommagés. La comparaison des différents critères quant à leur capacité à prédire l'orientation des fissures ainsi que la durée de vie n'est pas montrée par l'auteur pour des raisons de confidentialité.

III.3. Identification du critère retenu

A l'instar des différents résultats expérimentaux concernant la fatigue des milieux élastomères et des critères que certains auteurs ont proposés, il nous paraît très clair qu'une approche par plan critique est plus appropriée pour la détermination d'une grandeur d'endommagement permettant de prendre en compte les effets des chargements multiaxiaux. Ces derniers peuvent engendrer en grandes déformations des rotations matérielles et de ce fait, il nous parait plus adéquat d'utiliser un critère défini en terme de grandeurs se référant au même plan durant toute l'histoire de chargement. Trois grandeurs ont été publiées dans la littérature qui se basent sur ce principe, à savoir le critère en contraintes dans le plan critique, la densité d'énergie de fissuration et la contrainte configurationelle. Ces variables, selon les auteurs, permettent à la fois de prédire les lieux d'amorçage des fissures, leur plan d'initiation ainsi que la durée de vie du matériau. Durant cette étude, notre choix s'est porté sur la densité d'énergie de fissuration, un critère qui a été validé pour une large gamme de sollicitations multiaxiales incluant des chargements en phase et hors phase. Une analyse plus détaillée, que nous avons menée concernant ce critère, comportant une étude analytique, numérique et expérimentale sera présentée au chapitre V. Avant cela, il est nécessaire de présenter le matériau d'étude, les moyens expérimentaux mis en œuvre pour sa caractérisation, ainsi qu'une modélisation numérique de son comportement mécanique, c'est l'objet du chapitre suivant.

Chapitre IV :

Mise en œuvre expérimentale et caractérisation du matériau d'étude

Sommaire :

IV.1. Introduction

L'objectif de cette étude est la mise au point d'outils expérimentaux permettant de décrire le comportement local de l'élastomère étudié. Basée sur une démarche de caractérisation et d'identification du comportement de ce matériau, la modélisation de ce comportement est développée suivant une approche phénoménologique utilisant des modèles incorporés dans les logiciels de calculs par éléments finis (Ansys et Marc) que nous avons utilisés. Ainsi, une fois le modèle identifié, nous pouvons connaître les états de contraintes et de déformations en tout point d'une éprouvette ou d'une structure soumises à un chargement simple ou complexe. Dans le cas précis de notre étude, les états de contraintes et de déformations doivent être connus à l'endroit où s'amorce la fissure dans les éprouvettes testées en fatigue.

Nous commencerons ce chapitre par une description du matériau élastomère que nous avons étudié et des types d'éprouvettes testées, ensuite nous détaillerons le processus expérimental utilisé pour la caractérisation du matériau vierge. Ce dispositif comprend une machine de traction uniaxiale et un système VidéoTraction© permettant l'acquisition des mesures de déformations locales des éprouvettes. A travers une étude comparative de différents potentiels, nous justifierons notre choix concernant le modèle de densité d'énergie retenu en présentant les résultats issus de l'identification. Ainsi, ce modèle servira pour les simulations numériques qui seront abordées au chapitre V.

Par ailleurs, lorsque le matériau est soumis à des charges variables, son comportement cyclique stabilisé suivant une direction donnée dépend du niveau de déformation maximal atteint au cours du cycle. Nous proposerons à la fin de ce chapitre une démarche simple permettant la détermination de l'énergie de déformation du cycle stabilisé associée à chaque amplitude de déformation imposée au matériau, sans avoir recours à un modèle robuste.

IV.2. Matériau étudié et géométries des éprouvettes

Le matériau étudié est constitué principalement d'une matrice Styrène Butadiène (Styrène Butadiène Rubber SBR) renforcée par des charges de noir de carbone de type N330. Ces dernières sont connues par leur petite taille permettant ainsi un très bon renforcement du matériau sans occasionner de très fortes frictions internes. La réticulation de la matrice SBR a eu lieu au cours de la réaction de vulcanisation à une température de 150° en présence du soufre. Un système de vulcanisation plus complet a été utilisé comprenant, d'une part, l'oxyde de zinc comme activateur et du fait de sa mauvaise solubilisation, on a utilisé conjointement un acide gras qui est l'acide stéarique. D'autre part, on a additionné un accélérateur de type CBS (n-Cyclohexyl-2-Benzothiazyl-Sulfénamide) appartenant à la famille des accélérateurs à action différée qui ne se déclenchent qu'au-delà de leur température de décomposition. Enfin nous retrouvons dans la constitution un antioxydant permettant de protéger le mélange contre le vieillissement prématuré. Ainsi, la composition chimique globale est détaillée dans le tableau 1.

Ingrédient	%(g)
SBR 1522	100
Noir de carbone N330	50
Soufre	1.2
Oxyde de Zinc	5
Acide stéarique	2
Antioxydant	1
Accélérateurs CBS	1.2

Tableau 1. Composition massique du SBR étudié.

Signalons également que la température de transition vitreuse du mélange obtenu est de l'ordre de -52°C.

Aussi bien pour la caractérisation de ce matériau que pour les essais en fatigue, deux types d'éprouvettes on été utilisées.

- Des éprouvettes de traction simple : ces éprouvettes sont appelées haltères en raison de leur forme qui, grâce à sa géométrie présentée dans la figure 1, permet de localiser les déformations au centre de l'éprouvette et évite ainsi la rupture dans les mors de la machine.

- Des éprouvettes de cisaillement pur : ces dernières sont conçues de telle sorte que la largeur soit beaucoup plus importante que la longueur (ici $\dfrac{l}{h} = \dfrac{156}{12} = 13$ tel que le montre la figure 2), ce qui empêche, au cours de la déformation longitudinale, une contraction latérale de l'éprouvette. Cela correspond alors à une élongation transversale égale à l'unité. Ces éprouvettes disposent également de deux bourrelets à leurs extrémités permettant leur mise en place et leur fixation sur un système d'accrochage.

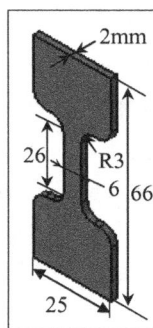

Figure 1. Eprouvette de traction simple.

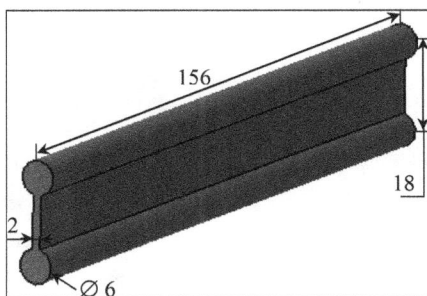

Figure 2. Eprouvette de cisaillement pur.

IV.3. Dispositif expérimental utilisé pour la détermination de la loi de comportement

IV.3.1. Machine d'essais de traction simple et de cisaillement pur

Tous les essais monotones de traction uniaxiale et de cisaillement pur ont été menés en environnement ambiant sur une machine électromécanique conventionnelle de type INSTRON 5867 (figure 3). Cette machine est très bien adaptée aux matériaux hautement déformables tels que les élastomères puisqu'elle est équipée d'une traverse ayant une amplitude de déplacement de l'ordre du mètre.

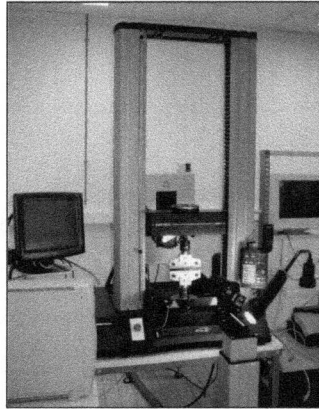

Figure 3. Machine électromécanique pour les essais de traction uniaxiale et de cisaillement pur.

Au cours du chargement, l'épaisseur et la largeur diminuent pour satisfaire la condition d'incompressibilité de l'élastomère. De ce fait, l'utilisation des mors autoserrants pour la fixation des éprouvettes haltères était nécessaire, évitant ainsi le glissement de leurs extrémités au cours de l'essai. Pour les éprouvettes de cisaillement pur, nous avons réalisé un système mécanique permettant leur maintien et leur fixation sans glissement quel que soit le niveau de déformation. Ces deux dispositifs de serrage sont présentés respectivement dans les figures 4 et 5.

La mesure de la force exercée sur les éprouvettes est effectuée grâce à une cellule de charge de faible capacité (1KN) vu la très faible rigidité du matériau. Quant à la mesure des déformations longitudinale et transversale, nous avons utilisé un système VidéoTraction©, développé par Apollor, permettant une mesure locale pour s'affranchir de toute éventuelle hétérogénéité de déformation dans l'éprouvette. Le principe des mesures est détaillé dans la section suivante.

Figure 4. Mors autoserrant pour éprouvette de traction simple.

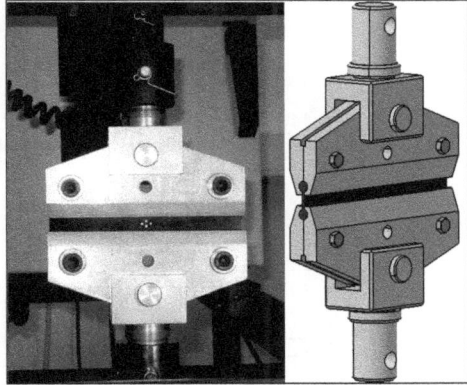

Figure 5. Mors pour éprouvette de cisaillement pur.

IV.3.2. Système de mesure locale des déformations

Le système VidéoTraction[©] (dont le principe est schématisé sur la figure 6) permet de mesurer en temps réel les déformations locales de l'échantillon. En effet, le dispositif comporte une caméra CCD interfacée à un ordinateur et focalisée sur une zone de déformation locale de l'éprouvette où sont suivis quatre marqueurs repérés par leurs barycentres A, B, C et D (figure 7). Leurs déplacements mesurés au cours de l'essai permettent de calculer respectivement les deux déformations longitudinale et transversale à travers les relations suivantes :

$$\varepsilon_1 = \frac{l - l_0}{l_0} = \lambda_1 - 1 \qquad \text{(IV.1)}$$

$$\varepsilon_2 = \frac{w - w_0}{w_0} = \lambda_2 - 1 \qquad \text{(IV.2)}$$

Où l_0, w_0, l et w représentent respectivement les dimensions longitudinales et transversales dans les configurations initiale et déformée tel qu'illustré sur la figure 7.

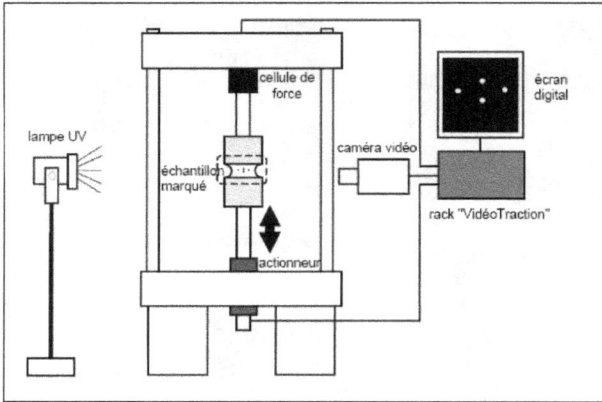

Figure 6. Schéma de principe du système VidéoTraction©.

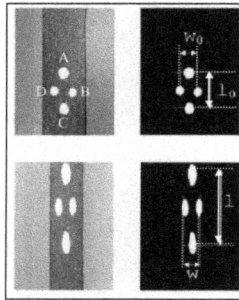

Figure 7. Disposition des quatre marqueurs avant et après la déformation.

En plus des deux déformations nominales ε_1 et ε_2, les autres paramètres mesurés sont le temps t, la force F supportée par l'éprouvette et la contrainte axiale de Cauchy (contrainte vraie) calculée par la relation :

$$\sigma_1 = \frac{F}{S} \qquad (IV.3)$$

Où S est définie comme la section instantanée de la partie utile de l'éprouvette.

La technique de mesure à quatre taches suppose une isotropie du comportement dans la section de l'éprouvette $(\lambda_2 = \lambda_3)$, la relation précédente peut s'écrire donc :

$$\sigma_1 = \frac{F}{S_0.\lambda_2.\lambda_3} = \frac{F}{S_0.\lambda_2{}^2} = \frac{F}{S_0(1+\varepsilon_2)^2} \qquad (IV.4)$$

S_0 étant la section initiale de la partie utile de l'éprouvette.

La contrainte nominale, quant à elle, se calcule simplement comme :

$$PK_1 = \frac{F}{S_0}$$
(IV.5)

Par ailleurs, comme nous l'avons signalé auparavant, le système de mesure VidéoTraction[C] permet de s'affranchir du problème d'hétérogénéité de déformation le long de l'éprouvette. En effet, sur l'ensemble des essais que nous avons effectués, nous avons remarqué que pour une contrainte donnée, il existe une surestimation non négligeable de la déformation nominale calculée sur la base du déplacement de la traverse relativement à la déformation locale mesurée à l'aide du dispositif VidéoTraction[C]. Cette différence entre les deux méthodes de mesure peut atteindre 20% comme l'illustre la figure 8.

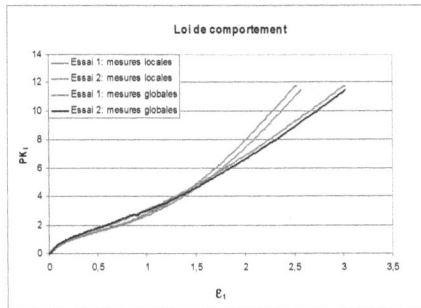

Figure 8. Ecart entre la mesure locale et la mesure globale de la déformation nominale.

En plus de l'acquisition des mesures, ce système permet également de piloter la machine en vitesse de déformation vraie constante. Autrement dit, à partir de l'acquisition instantanée des mesures des déformations locales, une boucle d'autorégulation contrôle la vitesse de déplacement de la traverse de telle sorte à maintenir la vitesse de déformation locale du matériau constante. La figure 9 illustre un exemple d'évolution du déplacement de la traverse au cours d'un chargement à vitesse de déformation vraie constante.

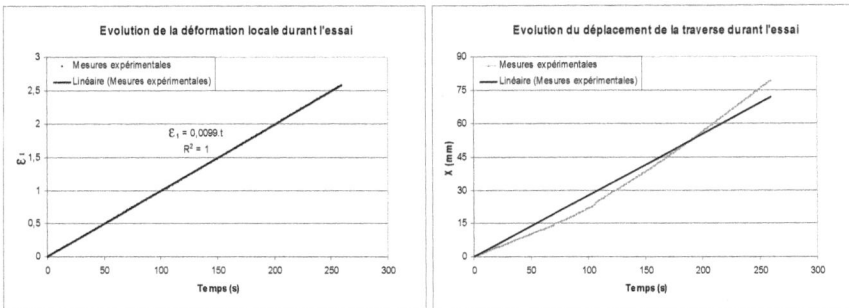

Figure 9. Evolution de la vitesse de déplacement de la traverse pour une vitesse de déformation vraie constante.

77

IV.4. Résultats de la caractérisation expérimentale du comportement

Rappelons que l'identification de la densité d'énergie de déformation passe par un processus classique d'optimisation qui vise à minimiser la différence entre les résultats de calcul et les données expérimentales. La pertinence de la densité d'énergie de déformation réside dans sa capacité à décrire, avec précision, le comportement réel du matériau pour une large gamme de chargements et dans une échelle d'élongation importante.

En ce qui concerne notre étude, nous nous sommes contentés d'identifier la loi de comportement sur la base des résultats des essais de traction uniaxiale et de cisaillement pur que nous avons effectués. Cette restriction peut être considérée raisonnable puisque les différents cas traités numériquement et expérimentalement en fatigue correspondent bien à ces états de chargement.

Notre première étape consistait à étudier le comportement du matériau vierge, ensuite, sachant l'influence de l'histoire de la déformation sur le comportement ultérieur du matériau, nous avons également mené les essais de caractérisation du comportement sur des éprouvettes stabilisées.

IV.4.1. Comportement du matériau vierge

Pour les deux sollicitations étudiées, l'ensemble des essais ont été effectués à vitesse de déformation vraie constante de 0.01 s^{-1} dans un environnement ambiant. Dans l'objectif de s'assurer de la reproductibilité des résultats obtenus, trois essais ont été réalisés dans les mêmes conditions. Les résultats expérimentaux, en terme d'évolution de la première contrainte principale de Piola-Kirchoff PK_1 en fonction de la déformation principale nominale ε_1, sont représentés sur la figure 10.

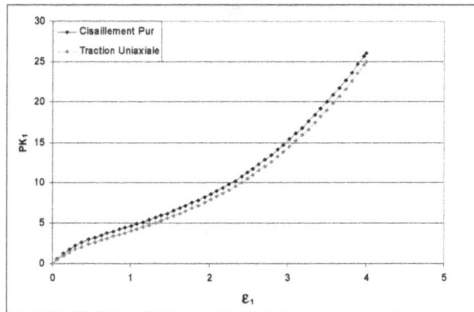

Figure 10. Loi de comportement pour les essais de traction uniaxiale et de cisaillement pur.

IV.4.2. Identification et choix de la densité d'énergie de déformation

A partir de la base de données expérimentale issue des essais de traction simple et de cisaillement pur, nous nous sommes servis d'un module d'identification incorporé dans le logiciel d'éléments finis Marc. Basé sur, soit la technique des moindres carrés pour les lois de Rivlin ou bien sur la méthode de type « Downhil-simplex » pour la loi d'Ogden, l'algorithme permet le calcul des cœfficients des lois hyperélastiques en minimisant l'écart entre les valeurs expérimentales de la base de données et la forme analytique prédite par les différentes formes d'énergies de déformation choisies. On sélectionne ensuite la loi de comportement représentant le meilleur compromis entre la qualité du lissage (résidu de minimisation faible), la complexité et la stabilité numérique des modèles.

Dans le cadre de notre étude, nous avons choisi de travailler avec les potentiels hyperélastiques incompressibles. Cette hypothèse simplificatrice d'incompressibilité est raisonnable dans le cadre des expériences classiques en contrainte plane (traction simple, équibiaxiale, biaxiale et cisaillement pur) pour lesquelles les variations de volume restent extrêmement faibles, pratiquement non détectables du fait des très faibles niveaux de pression hydrostatique. Rappelons en revanche, que les variations de volume doivent être prises en compte lorsque la géométrie de la structure est confinée ou lorsque le matériau subit de très fortes pressions hydrostatiques.

Dans ce qui suit, nous présenterons les résultats expérimentaux en terme d'évolution de la contrainte en fonction de la déformation exprimées dans la configuration mixte pour les essais de traction uniaxiale et de cisaillement pur. Les figures 11-18 montrent le lissage de ces résultats avec plusieurs modèles de densité d'énergie testés comprenant des potentiels phénoménologiques et microscopiques. Les cœfficients hyperélastiques issus des différentes identifications ainsi que les résidus de minimisation correspondants sont récapitulés dans le tableau 2.

Modèle hyperélastique	Résultats issus de l'identification des lois hyperélasiques	
	Cœfficients hyperélastiques	*Résidus de minimisation*
Néo-Hookéen	$C_{10} = 1.41335$	24.1772
Mooney-Rivlin	$C_{10} = 1.45896$; $C_{01} = -0.0638809$	24.0839
Rivlin du second ordre à 3 cœfficients	$C_{10} = 1.40401$; $C_{01} = -0.310723$; $C_{11} = 0.0301008$	7.50599
Signiorini	$C_{10} = 0.974932$; $C_{01} = 0.174643$; $C_{20} = 0.0276113$	2.10963
Rivlin du second ordre à 4 cœfficients	$C_{10} = 0.83509$; $C_{01} = 0.35859$; $C_{11} = -0.012641$; $C_{20} = 0.0369049$	1.67537
Yeoh	$C_{10} = 1.20824$; $C_{20} = 0.000391708$; $C_{30} = 0.000847736$	0.960577
Ogden	$\mu_1 = 0.203294$; $\mu_2 = 330.686$; $\mu_3 = 223.939$; $\alpha_1 = 3.93181$; $\alpha_2 = -0.025685$; $\alpha_3 = 0.0581963$	**0.045171**
Arruda-Boyce	$nkT = 2.22129$; $N = 10.5779$	1.23933

Tableau 2. Paramètres d'identification de différents modèles hyperélastiques.

Dans un premier temps, nous pouvons constater que pour l'ensemble des lois testées qui découlent du potentiel de Rivlin généralisé, le résidu de la minimisation diminue lorsque le nombre de cœfficients augmente à l'exception du potentiel de **Yeoh** (à trois cœfficients) qui permet une bonne corrélation des résultats numériques et expérimentaux relativement à celui de Rivlin du second ordre à 4 cœfficients. Signalons également que pour l'ensemble des lois contenant des cœfficients négatifs, une vérification de leur stabilité a été effectuée sur un large domaine de déformation.

A la fois pour la traction uniaxiale et pour le cisaillement pur, les modèles **Néo-Hookéen** et **Mooney-Rivlin**, à l'inverse des autres potentiels, ne permettent pas la prise en compte du raidissement du matériau pour des élongations importantes (figure 11 et 12). Ces modèles paraissent donc peu fiables et ne peuvent pas être utilisés dans ce domaine de déformation.

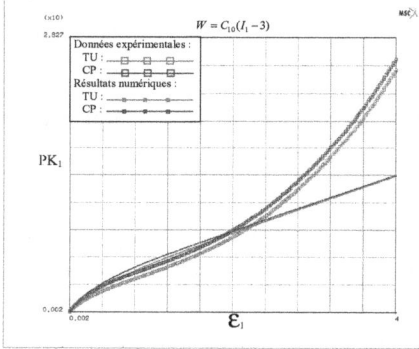

Figure 11. Lissage des résultats expérimentaux des essais de TU et de CP avec la loi Néo-Hookéenne.

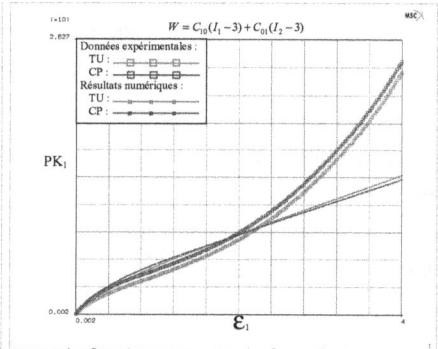

Figure 12. Lissage des résultats expérimentaux des essais de TU et de CP avec la loi Mooney-Rivlin.

Toutefois, s'agissant du cisaillement pur, la courbe obtenue avec le potentiel de type **Rivlin d'ordre 3** est proche des résultats expérimentaux. En revanche, l'introduction du terme croisé en I_1 et I_2 dans cette loi, par rapport à celle de **Mooney-Rivlin,** n'a pas rapproché les résultats numériques et expérimentaux pour le cas de la traction uniaxiale (figure 13). La prise en compte de la rigidité du matériau en grandes déformations à la fois pour l'essai de traction uniaxiale et celui de cisaillement pur a été obtenue grâce au potentiel de Signorini tel que le montre la figure 14. Ce modèle fait intervenir le carré du premier invariant I_1 en addition par rapport à la loi Mooney-Rivlin. Un résultat plus satisfaisant est offert par la loi de Yeoh dont le résidu quadratique ne dépasse pas 10% bien que le lissage avec cette loi surestime légèrement la contrainte en grandes déformations (figure 15). Nous pouvons remarquer également que le potentiel de Arruda-Boyce et celui de Yeoh donnent des réponses quasi identiques quelle que soit la sollicitation avec une légère différence entre leurs résidus de minimisation (figure 15 et 16).

Signalons par ailleurs que l'utilisation d'une loi Rivlin à quatre paramètres n'améliore pas les résultats par rapport à la loi de Yeoh à trois cœfficients comme le montre la figure 17.

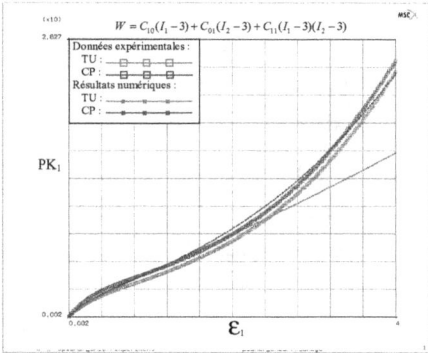

Figure 13. Lissage des résultats expérimentaux des essais de TU et de CP avec la loi Rivlin à 3 cœfficients.

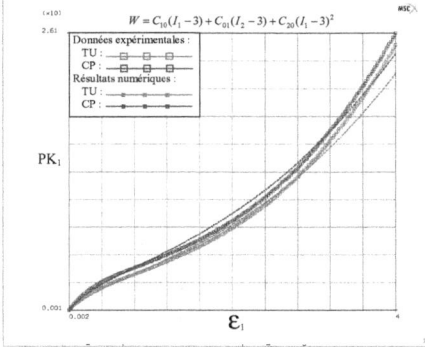

Figure 14. Lissage des résultats expérimentaux des essais de TU et de CP avec la loi Signiorini.

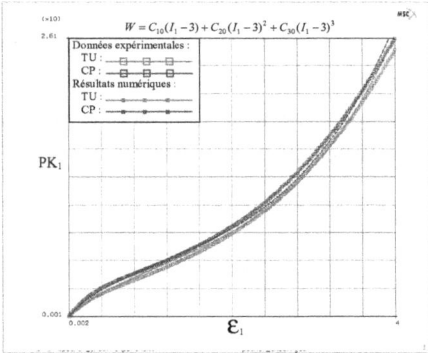

Figure 15. Lissage des résultats expérimentaux des essais de TU et de CP avec la loi Yeoh.

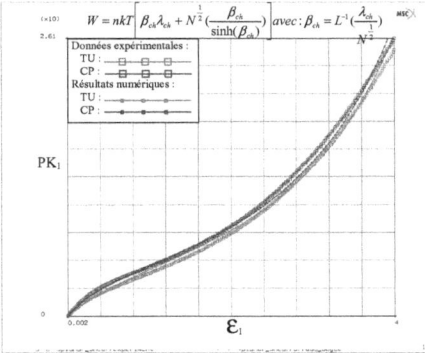

Figure 16. Lissage des résultats expérimentaux des essais de TU et de CP avec la loi Arruda-Boyce.

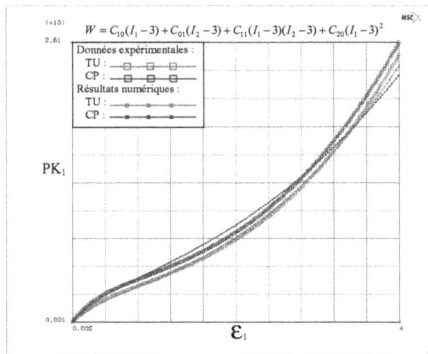

Figure 17. Lissage des résultats expérimentaux des de TU et de CP avec la loi Rivlin à 4 cœfficients.

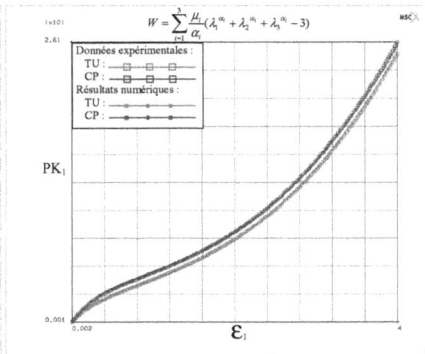

Figure 18. Lissage des résultats expérimentaux des essais essais de TU et de CP avec la loi Ogden d'ordre 3.

Notre choix finalement s'est porté sur un potentiel de type **Ogden d'ordre 3** représentant au mieux le comportement hyperélastique local du matériau étudié (figure 18). Ce modèle offre le résidu de minimisation le plus faible relativement aux autres potentiels testés. Il permet également, grâce à ses paramètres matériau ainsi qu'à son expression utilisant une combinaison linéaire des puissances des élongations principales, de modéliser le raidissement de l'élastomère dans le domaine des très grandes déformations et ceci aussi bien pour la traction uniaxiale que pour le cisaillement pur.

La densité d'énergie permettant de définir le comportement hyperélastique incompressible non endommageable de notre matériau d'étude étant choisie, celle-ci sera exploitée dans les analyses en fatigue qui seront traités dans le chapitre V. En effet, tous les calculs par élément finis qui y seront effectués se serviront de cette loi de comportement pour la détermination des champs de déformations et de contraintes au lieu d'amorçage de la fissure dans les éprouvettes testées en fatigue.

IV.4.3. Comportement stabilisé du matériau

Afin d'étudier le comportement stabilisé du matériau, nous avons également mené des essais cycliques en traction uniaxiale et en cisaillement pur à plusieurs amplitudes déformation. Nous présentons comme exemple sur la figure 19, la courbe de traction monotone rapportée sur les dix courbes cycliques correspondant à chaque niveau de déformations.

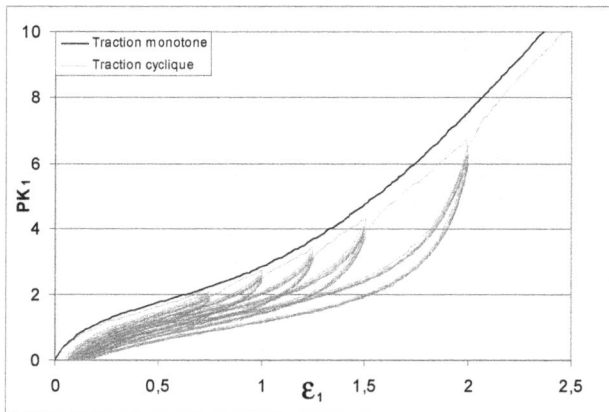

Figure 19. Comportement en traction monotone et cyclique du SBR étudié.

Nous retrouvons ici le comportement typique d'un élastomère soumis à un chargement cyclique ; à savoir une hystérèse due à la nature viscoélastique du matériau, l'énergie dissipée est plus importante durant le premier cycle et se stabilise pratiquement au bout du dixième cycle. On observe également une chute de rigidité du matériau d'un chargement à l'autre due à l'effet Mullins.

Là aussi l'adoucissement est très fort entre le chargement du premier cycle et celui du deuxième cycle et il est d'autant plus marqué que le niveau de déformation est élevé. Enfin nous pouvons remarquer une déformation rémanente lorsque la contrainte est relâchée dans le matériau.

Pour tenir compte de tous ces aspects d'endommagement, la modélisation du comportement cyclique de l'élastomère devient plus compliquée relativement au comportement monotone. Par exemple pour une structure quelconque soumise à des chargements variables, l'état de contrainte en chaque point suivant une direction donnée dépendra du niveau maximal de déformation vu par le matériau dans la direction en question. De ce fait, remonter à chaque instant au comportement local anisotrope en tout point de la structure n'est pas un problème facile. Dans le cas de notre étude, nous utiliserons une autre démarche permettant de calculer l'énergie de déformation pour un niveau de déformation donné en s'affranchissant d'une loi de comportement plus robuste.

L'étude portera sur le dixième cycle puisque, pour toutes les éprouvettes testées en traction uniaxiale et en cisaillement pur, on a observé un comportement quasi identique à partir de 8ème cycle. La figure 20 montre en effet que la boucle d'hystérésis est la même pour le 9ème et le 10ème cycle et ce, pour plusieurs niveaux de déformation maximale imposée.

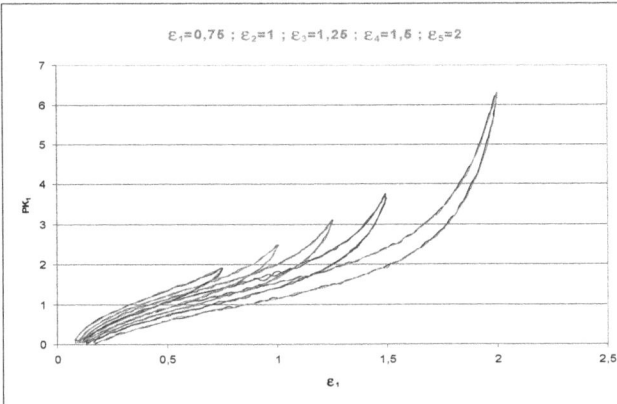

Figure 20. Comportement stabilisé du SBR étudié.

A partir de ces boucles d'hystérésis stabilisées on peut calculer aisément les énergies de déformation en évaluant les aires en dessous des courbes de chargement correspondant à chaque niveau de déformation. Ainsi, nous pouvons constater sur une échelle Log-Log de la figure 21 une évolution linéaire entre la déformation maximale $\varepsilon_{1_{max}}$ atteinte pendant un cycle stabilisé et l'énergie de déformation W_s associée. Cette évolution peut être régie par l'équation :

$$W_s = 1.2039.\varepsilon_{1_{max}}^{1.5371} = W_{s(100\%)}.\varepsilon_{1_{max}}^{1.5371} \tag{IV.6}$$

Soit donc :
$$\frac{W_s}{W_{s(100\%)}} = \varepsilon_{1_{max}}^{1.5371}$$
(IV.7)

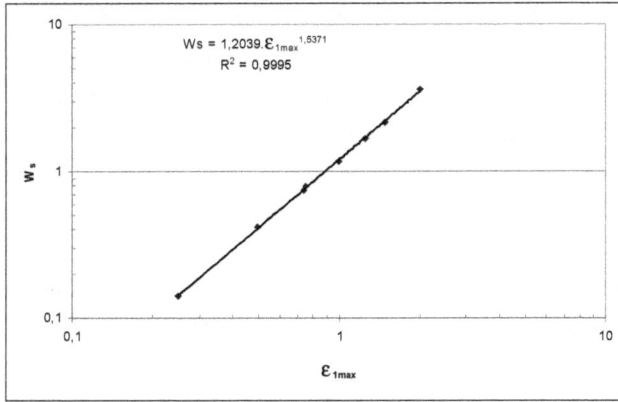

$$Ws = 1{,}2039.\varepsilon_{1max}^{1,5371}$$
$$R^2 = 0{,}9995$$

Figure 21. Evolution de l'énergie de déformation en fonction de la déformation maximale imposée pour un comportement stabilisé.

La relation (IV.7) servira donc au calcul de l'énergie de déformation d'un cycle stabilisé durant un essai de fatigue pour chaque amplitude de déformation appliquée sur les éprouvettes de traction uniaxiale et de cisaillement pur.

Notons finalement que lorsqu'il s'agit de traiter le comportement cyclique des structures dont la géométrie et par conséquent le champ mécanique sont plus complexes que ceux des éprouvettes du laboratoire, il est nécessaire de développer un modèle plus robuste et de l'intégrer dans un code de calcul par éléments finis pour prendre en compte tous les aspects d'endommagement cités auparavant.

Chapitre V :

Modélisation de la durée de vie en fatigue de l'élastomère étudié

Sommaire :

V.4.1. Machine d'essais de fatigue et conditions expérimentales

V.4.2. Définition de l'amorçage des fissures en fatigue

V.4.3. Résultats des essais et validation du critère de la densité d'énergie de fissuration

V.5. Application aux données expérimentales de la littérature

V.5.1. Identification de la loi de comportement

V.5.2. Calculs par éléments finis et validation de la loi de comportement

V.5.2. Modélisation de la durée de vie en fatigue

V.1. Introduction

Après une analyse des différentes approches établies dans la littérature pour la prédiction de la durée de vie en fatigue des élastomères, la variable d'endommagement retenue qui prend en compte les effets des chargements multiaxiaux est la densité d'énergie de fissuration identifiée sur la base des travaux de Mars et Fatemi [MAR01a]. Ce critère est basé sur la densité d'énergie de déformation et prédit le début d'apparition de la fissure ainsi que son orientation dans une structure soumise à un chargement cyclique.

Dans l'objectif de vérifier la pertinence du critère d'énergie de fissuration, nous commencerons ce chapitre par un développement de son expression analytique en grandes déformations ; le résultat obtenu sera appliqué aux différentes sollicitations courantes. Son implémentation numérique dans un code de calcul par éléments finis sera également faite afin de l'appliquer à l'échelle de la structure et quel que soit le type de chargement. La confrontation des résultats analytiques précédents à ceux issus des simulations numériques pour les sollicitations classiques nous permettra de valider l'algorithme implémenté. Egalement à travers quelques simulations numériques, une particularité du critère, qui réside dans sa dépendance vis-à-vis du trajet de chargement, sera mise en évidence. Finalement, nous conclurons ce chapitre par une validation expérimentale du critère retenu à travers des essais de fatigue en traction uniaxiale et en cisaillement pur ainsi qu'à partir d'une base de données de la littérature issue des essais de traction uniaxiale et de torsion.

V.2. Développement analytique de la densité d'énergie de fissuration

Dans cette section, nous nous intéressons particulièrement à résoudre l'équation différentielle (III.14). Nous reprenons dans un premier temps l'analyse menée par Mars en petites déformations. Nous procèderons par la suite au développement du critère d'énergie de fissuration en grandes déformations. La solution sera écrite en terme de densité d'énergie de fissuration W_c exprimée en fonction de l'élongation principale maximale λ_1 et de l'orientation du plan matériel θ. Ainsi, l'orientation du plan d'initiation de la fissure peut être calculée sur la base de l'hypothèse que le plan critique est celui qui maximise la densité d'énergie de fissuration [MAR01a].

V.2.1. Cas des petites déformations

Considérons une plaque sous un chargement biaxial, Mars a développé analytiquement l'équation (III.14) dans le cas des petites déformations. En effet, partons de cette équation :

$$dW_c = \vec{\sigma} \cdot d\vec{\varepsilon} = (\vec{r}^T . \widetilde{\widetilde{\sigma}}).(d\widetilde{\widetilde{\varepsilon}}.\vec{r}) \tag{V.1}$$

Où $\vec{\sigma}$ et $\vec{\varepsilon}$ sont respectivement les vecteurs traction et déplacement suivant la normale au plan matériel $\vec{r}$. L'exposant T désigne la transposition.

Dans la base principale, la relation (V.1) s'exprime sous forme :

$$W_c = \vec{r}^T \widetilde{\widetilde{\kappa}}^T \underbrace{\left[\int_0^{\varepsilon'} \widetilde{\widetilde{\sigma}}' d\widetilde{\widetilde{\varepsilon}} \right]}_{\psi} \widetilde{\widetilde{\kappa}} \, \vec{r} \tag{V.2}$$

Pour un matériau isotrope et dans le cadre de l'élasticité linéaire on peut lier les contraintes aux déformations principales via la matrice de rigidité :

$$\begin{Bmatrix} \sigma_1 \\ \sigma_2 \\ \sigma_3 \end{Bmatrix} = \frac{2G}{1-2\nu} \begin{bmatrix} 1-\nu & \nu & \nu \\ \nu & 1-\nu & \nu \\ \nu & \nu & 1-\nu \end{bmatrix} \begin{Bmatrix} \varepsilon_1 \\ \varepsilon_2 \\ \varepsilon_3 \end{Bmatrix} \tag{V.3}$$

Et donc l'expression ψ dans l'équation (V.2) peut s'écrire, après intégration, de la manière suivante :

$$\psi = \frac{G}{1-2\nu} \begin{bmatrix} (1-\nu)\varepsilon_1^2 + \nu\varepsilon_2\varepsilon_1 + \nu\varepsilon_3\varepsilon_1 & 0 & 0 \\ 0 & (1-\nu)\varepsilon_2^2 + \nu\varepsilon_3\varepsilon_2 + \nu\varepsilon_1\varepsilon_2 & 0 \\ 0 & 0 & (1-\nu)\varepsilon_3^2 + \nu\varepsilon_1\varepsilon_3 + \nu\varepsilon_2\varepsilon_3 \end{bmatrix} \tag{V.4}$$

Avec $W = trace(\psi)$: la densité d'énergie de déformation totale fournie.

En petites déformations la matrice de passage $\widetilde{\widetilde{\kappa}}$ est la matrice unité.

Si on place le vecteur $\vec{r}$ dans la base principale ($\vec{r}^T = (\cos\theta, \sin\theta, 0)$) et en définissant un rapport de biaxialité n entre les élongations principales tel que : $\lambda_2 = \lambda_1^n$, on aura : $n = \dfrac{Ln(\lambda_2)}{Ln(\lambda_1)}$ et pour une condition d'incompressibilité ($\lambda_1\lambda_2\lambda_3 = 1$) : $\lambda_3 = \lambda_1^{-(1+n)}$

D'autre part, sachant que : $\lim\limits_{\lambda \to 1}(Ln(\lambda)) = \varepsilon$, donc : $\varepsilon_2 = n\varepsilon_1$ et : $\varepsilon_3 = \varepsilon_1 \dfrac{(1+n)\nu}{\nu - 1}$

Soit donc :

$$\psi = \frac{G\varepsilon_1^2}{(1-2\nu)(\nu-1)} \begin{bmatrix} (2\nu-1)(n\nu+1) & 0 & 0 \\ 0 & n(n+\nu)(2\nu-1) & 0 \\ 0 & 0 & 0 \end{bmatrix}$$

$$= \frac{G\varepsilon_1^2}{(1-\nu)} \begin{bmatrix} n\nu+1 & 0 & 0 \\ 0 & n(n+\nu) & 0 \\ 0 & 0 & 0 \end{bmatrix} \tag{V.5}$$

Et :

$$\frac{W_c}{W} = \frac{\vec{r}^T \psi \vec{n}}{tr(\psi)} \tag{V.6}$$

Enfin après développement, nous pouvons aboutir à l'expression finale de la densité d'énergie de fissuration normalisée à la densité d'énergie de déformation totale fournie telle que :

$$\frac{W_c}{W} = \frac{[(n\nu+1)]\cos^2\theta + [n(n+\nu)]\sin^2\theta}{[(n\nu+1)] + [n(n+\nu)]} \tag{V.7}$$

Sollicitation	Tenseur des contraintes de Cauchy $\tilde{\tilde{\sigma}}$	Tenseur de gradient de déformation $\tilde{\tilde{F}}$	Biaxialité n
Traction Uniaxiale (TU) $\lambda_2 = \lambda_1^{-1}$ λ_1	$\tilde{\tilde{\sigma}} = \begin{pmatrix} \sigma_{11} & 0 & 0 \\ 0 & 0 & 0 \\ 0 & 0 & 0 \end{pmatrix}$	$\tilde{\tilde{F}} = \begin{pmatrix} \lambda & 0 & 0 \\ 0 & \lambda^{-1/2} & 0 \\ 0 & 0 & \lambda^{-1/2} \end{pmatrix}$	$n = -0.5$
Cisaillement simple / Traction Plane (CS/TP) λ_1 $\lambda_2 = 1$	$\tilde{\tilde{\sigma}} = \begin{pmatrix} \sigma_{11} & 0 & 0 \\ 0 & \sigma_{22} & 0 \\ 0 & 0 & 0 \end{pmatrix}$	$\tilde{\tilde{F}} = \begin{pmatrix} \lambda & 0 & 0 \\ 0 & 1 & 0 \\ 0 & 0 & \lambda^{-1} \end{pmatrix}$	$n = 0$
Traction Biaxiale (BT) λ_1 λ_2	$\tilde{\tilde{\sigma}} = \begin{pmatrix} \sigma_{11} & 0 & 0 \\ 0 & \sigma_{22} & 0 \\ 0 & 0 & 0 \end{pmatrix}$	$\tilde{\tilde{F}} = \begin{pmatrix} \lambda_1 & 0 & 0 \\ 0 & \lambda_2 & 0 \\ 0 & 0 & (\lambda_1\lambda_2)^{-1} \end{pmatrix}$	$n = \dfrac{Ln(\lambda_2)}{Ln(\lambda_1)}$
Cisaillement Pur (CP) γ τ	$\tilde{\tilde{\sigma}} = \begin{pmatrix} 0 & \tau & 0 \\ -\tau & 0 & 0 \\ 0 & 0 & 0 \end{pmatrix}$	$\tilde{\tilde{F}} = \begin{pmatrix} \lambda & 0 & 0 \\ 0 & \lambda^{-1} & 0 \\ 0 & 0 & 1 \end{pmatrix}$	$n = -1$

Tableau 1. Tenseurs des contraintes et des déformations pour les différentes sollicitations courantes ainsi que les biaxialités correspondantes.

La figure 1 montre, pour un matériau incompressible $(\nu = 0.5)$, l'évolution du rapport $\dfrac{W_c}{W}$ (équation V.7) en fonction de l'angle d'orientation θ pour quelques valeurs de biaxialité n prises telles que $\lambda_1 \geq \lambda_2$. Dans cette figure, on remarque que, pour l'ensemble des états de chargements traités récapitulés dans le tableau 1, le maximum du rapport $\dfrac{W_c}{W}$ correspond au plan perpendiculaire à la direction de la déformation principale maximale $(\theta = 0)$. Excepté pour le cas particulier de la traction équibiaxiale ; en effet, pour cette sollicitation $\dfrac{W_c}{W} = 0.5$ indépendamment de l'angle θ et donc, la fissure peut apparaître suivant n'importe quelle direction.

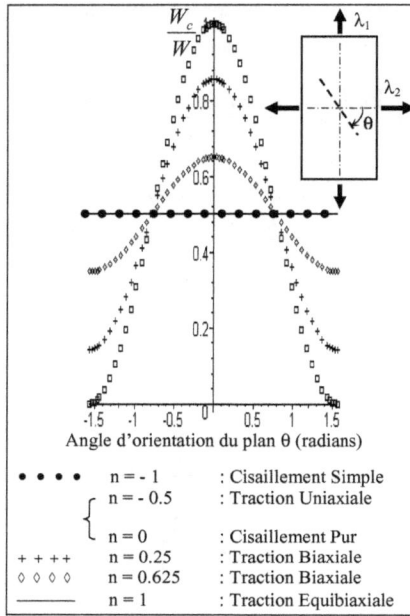

Figure 1. Effet de la biaxialité et de l'angle d'orientation du plan matériel sur la DEF en petites déformations.

Dans ce qui suit, nous étendons l'analyse précédente effectuée par Mars au cas des grandes déformations. Nous commençons d'abord par un développement de l'expression analytique de l'énergie de fissuration (équation V.1) pour ensuite appliquer le résultat obtenu aux différentes sollicitations courantes.

V.2.2. Cas des grandes déformations

Sous les conditions des grandes déformations, la relation (V.1) peut être réécrite en terme de tenseurs des contraintes et des déformations exprimés dans la configuration non déformée. En effet, l'énergie de fissuration définie par cette relation peut être exprimée sous la forme :

$$dW_c = \vec{\sigma} \cdot d\vec{\varepsilon} = \vec{\sigma} \cdot \vec{D}\, dt \tag{V.8}$$

Avec $\vec{\sigma} = \vec{r}^T \tilde{\tilde{\sigma}}$ et $\vec{D} = \tilde{\tilde{D}} \vec{r}$ où $\tilde{\tilde{D}}$ est le tenseur du taux de déformation

Or, on sait également que :

$$\tilde{\tilde{\sigma}} = \frac{\rho}{\rho_o} \tilde{\tilde{F}}\, \tilde{\tilde{S}}\tilde{\tilde{F}}^T \tag{V.9}$$

Et :

$$\tilde{\tilde{D}}\, dt = (\tilde{\tilde{F}}^T)^{-1}\, d\tilde{\tilde{E}}\, \tilde{\tilde{F}}^{-1} \tag{V.10}$$

La relation (V.8) devient alors :

$$dW_c = (\vec{r}^{\,T}\tilde{\tilde{\sigma}}) \cdot (\tilde{\tilde{D}}\vec{r}\ dt) = \vec{r}^{\,T}\tilde{\tilde{\sigma}}\ \tilde{\tilde{D}}\ \vec{r}\ dt = \vec{r}^{\,T}(\frac{\rho}{\rho_o}\tilde{\tilde{F}}\tilde{\tilde{S}}\tilde{\tilde{F}}^{\,T})((F^T)^{-1}d\tilde{\tilde{E}}\ \tilde{\tilde{F}}^{-1})\vec{r} = \frac{\rho}{\rho_o}\vec{r}^{\,T}\tilde{\tilde{F}}\tilde{\tilde{S}}d\tilde{\tilde{E}}\ \tilde{\tilde{F}}^{-1}\vec{r} \quad (V.11)$$

ρ/ρ_o représente le rapport des densités massiques respectivement dans les configuration déformée et initiale.

D'autre part, la loi de transformation de l'élément de surface non déformée dS de normale unitaire $\vec{R}$ à celui de la configuration actuelle ds de normale unitaire $\vec{r}$, est donnée par :

$$\vec{r}ds = \frac{\rho_0}{\rho}\tilde{\tilde{F}}^{-T}\vec{R}dS_0 \quad (V.12)$$

Soit donc :

$$\|\vec{r}ds\| = ds = \left\|\frac{\rho_0}{\rho}\tilde{\tilde{F}}^{-T}\vec{R}dS_0\right\| = \frac{\rho_0}{\rho}\left\|\tilde{\tilde{F}}^{-T}\vec{R}\right\|dS_0 \quad (V.13)$$

Les relations (V.12) et (V.13) permettent d'écrire :

$$\vec{r} = \frac{\tilde{\tilde{F}}^{-T}\vec{R}}{\left\|\tilde{\tilde{F}}^{-T}\vec{R}\right\|} \quad (V.14)$$

Cette équation représente le transport du vecteur $\vec{r}$ de l'état déformé à l'état initial. Signalons à ce niveau que cette relation est une correction apportée à celle établie par Mars dans laquelle la transformation de l'élément de surface dS n'est pas prise en compte.

De même pour le vecteur $\vec{r}^{\,T}$, on a :

$$\vec{r}^{\,T} = \frac{(\tilde{\tilde{F}}^{-T}\vec{R})^T}{\left\|\tilde{\tilde{F}}^{-T}\vec{R}\right\|} = \frac{\vec{R}^T(\tilde{\tilde{F}}^{-T})^T}{\left\|\tilde{\tilde{F}}^{-T}\vec{R}\right\|} = \frac{\vec{R}^T\tilde{\tilde{F}}^{-1}}{\left\|\tilde{\tilde{F}}^{-T}\vec{R}\right\|} \quad (V.15)$$

Soit :

$$dW_c = \frac{\rho}{\rho_o}\frac{\vec{R}^T\tilde{\tilde{F}}^{-1}}{\left\|\tilde{\tilde{F}}^{-T}\vec{R}\right\|}\tilde{\tilde{F}}\ \tilde{\tilde{S}}\ d\tilde{\tilde{E}}\ \tilde{\tilde{F}}^{-1}\frac{\tilde{\tilde{F}}^{-T}\vec{R}}{\left\|\tilde{\tilde{F}}^{-T}\vec{R}\right\|} = \frac{\rho}{\rho_o}\frac{1}{\left\|\tilde{\tilde{F}}^{-T}\vec{R}\right\|^2}\vec{R}^T\tilde{\tilde{S}}d\tilde{\tilde{E}}(\tilde{\tilde{F}}^T\tilde{\tilde{F}})^{-1}\vec{R} \quad (V.16)$$

D'un autre coté, on a :

$$\left\|\tilde{\tilde{F}}^{-T}\vec{R}\right\|^2 = (\tilde{\tilde{F}}^{-T}\vec{R})^T(\tilde{\tilde{F}}^{-T}\vec{R}) = (\vec{R}^T(\tilde{\tilde{F}}^{-T})^T)(\tilde{\tilde{F}}^{-T}\vec{R}) = \vec{R}^T\tilde{\tilde{F}}^{-1}\tilde{\tilde{F}}^{-T}\vec{R} = \vec{R}^T\tilde{\tilde{C}}^{-1}\vec{R} \quad (V.17)$$

Soit finalement l'expression de dW_c, en grandes déformations et dans la configuration matérielle (non déformée), obtenue à partir des relations (V.16) et (V.17) :

$$dW_c = \frac{\rho}{\rho_o} \frac{1}{\vec{R}^T \tilde{\tilde{C}}^{-1} \vec{R}} \vec{R}^T \tilde{\tilde{S}} d\tilde{\tilde{E}} (\tilde{F}^T \tilde{F})^{-1} \vec{R} = \frac{\rho}{\rho_o} \frac{\vec{R}^T \tilde{\tilde{S}} d\tilde{\tilde{E}} \tilde{\tilde{C}}^{-1} \vec{R}}{\vec{R}^T \tilde{\tilde{C}}^{-1} \vec{R}}$$ (V.18)

Dans ce qui suit, nous étendons l'analyse présentée dans la section précédente aux matériaux hautement déformables et incompressibles dans le cas des états de chargement usuels. Nous considérons, pour simplifier les calculs, une loi de comportement Néo-Hookéenne [TRE43] pour laquelle la densité d'énergie de déformation s'exprime sous la forme :

$$W = \frac{G}{2}(I_1 - 3)$$ (V.19)

Où G est le module de cisaillement et $I_1 = \lambda_1^2 + \lambda_2^2 + \lambda_3^2$ est le premier invariant du tenseur de Cauchy-Green droit $\tilde{\tilde{C}}$.

En supposant que le matériau est incompressible $(\lambda_1\lambda_2\lambda_3 = 1)$, la densité d'énergie de déformation (équation V.19) peut être réécrite de la manière suivante :

$$W = \frac{G}{2}\left[\left(1 + B^2\right)\lambda_1^2 + \frac{1}{B^2 \lambda_1^4} - 3 \right]$$ (V.20)

Le paramètre de biaxialité B est défini ici comme le rapport de la déformation longitudinale λ_1 et transversale λ_2 :

$$B = \frac{\lambda_2}{\lambda_1}$$ (V.21)

Le développement de l'équation différentielle (V.18) mène à l'expression finale de la densité d'énergie de fissuration W_c :

$$Wc = G \int_1^{\lambda_1} \frac{\cos(\theta)^2 (\lambda + B^{-2} \lambda^{-5}) + \frac{1}{2}\sin(\theta)^2 (\frac{\partial}{\partial \lambda}(B^2 \lambda^2 - 1))(B^{-2} - B^{-6} \lambda^{-6})}{\cos(\theta)^2 + B^{-2} \sin(\theta)^2} d\lambda$$ (V.22)

Cette intégrale étant difficilement solvable analytiquement, une résolution numérique à l'aide d'un logiciel mathématique est alors nécessaire. Les résultats obtenus seront présentés sous forme de diagrammes 3D dans l'espace $(\frac{W_c}{W}, \lambda, \theta)$.

V.2.3. Application à différentes sollicitations courantes

Sur la base des équations (V.20), (V.21) et (V.22), nous avons calculé l'expression du rapport $\frac{W_c}{W}$ pour les états de sollicitations courants résumés dans le tableau 2.

Etat de déformation	Biaxialité
Traction Uniaxiale (TU)	$B = \lambda^{-3/2}$
Cisaillement Pur (CP) / Traction Plane (TP)	$B = \lambda^{-1}$
Traction Equibiaxiale (TE)	$B = 1$
Traction Biaxiale (TB)	$B \in \Re^{+}$
Cisaillement Simple (CS)	$B = \lambda^{-2}$

Tableau 2. Rapport de biaxialité en grandes déformations pour des sollicitations usuelles.

V.2.3.1. Traction Uniaxiale et Cisaillement Pur

Les valeurs non nulles du tenseur de gradient de déformation $\tilde{\tilde{F}}$ pour la traction uniaxiale sont $\lambda_1 = \lambda$ et pour une condition d'isotropie et d'incompressibilité on a : $\lambda_2 = \lambda_3 = \lambda^{-\frac{1}{2}}$,

soit : $B = \dfrac{\lambda_2}{\lambda_1} = \lambda^{-\frac{3}{2}}$. Le rapport $\dfrac{W_c}{W}$ s'écrit alors sous forme :

$$\frac{W_c}{W} = \frac{\displaystyle\int_1^{\lambda_1} \frac{\left(\lambda^3 - 1\right)\cos^2 \theta}{\lambda^2 \cos^2 \theta + \lambda^5 \sin^2 \theta} d\lambda}{\dfrac{1}{2}(\lambda_1^2 + 2\lambda_1^{-1} - 3)} \qquad (V.23)$$

La figure 2 montre, pour la traction simple, l'évolution de ce rapport en fonction de l'élongation λ_1 et de l'angle θ. Nous remarquons clairement que $\dfrac{W_c}{W}$ est maximal pour $\theta = 0$. Cela implique que le plan critique de fissuration est perpendiculaire à la direction de l'élongation principale maximale, ce qui est en bon accord avec les observations expérimentales. Dans ce plan, $\dfrac{W_c}{W}$ est égal à 1 et reste constant indépendamment du niveau de déformation, signifiant que pour la traction simple, toute l'énergie de déformation fournie est disponible pour l'initiation de la fissure dans le plan critique.

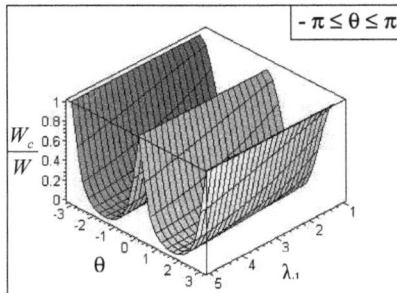

Figure 2. Variation de W_c/W pour la traction simple en grandes déformations.

Signalons que les mêmes résultats ont été obtenus dans le cas du cisaillement pur.

V.2.3.2. Traction Biaxiale

Nous avons ensuite analysé le cas de la traction biaxiale. Le rapport $\dfrac{W_c}{W}$ est tracé en fonction de l'élongation principale λ_1 et de l'orientation du plan matériel θ pour trois valeurs de biaxialité B.

Les résultats, reportés dans la figure 3, montrent que lorsque $B > 1$, le rapport $\dfrac{W_c}{W}$ est maximal pour $\theta = \pm\dfrac{\pi}{2}$, alors que pour $B < 1$, ce sont les angles 0 et $\pm\pi$ qui maximisent ce rapport. Cependant pour $B = 0$ (traction équibiaxiale), $\dfrac{W_c}{W}$ reste toujours égale à 1 signifiant qu'il n y a pas d'orientation privilégiée pour la plan de fissuration.

Il est à noter également que le maximum du rapport $\dfrac{W_c}{W}$ reste constant indépendamment du niveau de déformation et varie en fonction de la valeur de biaxialité B. Cela nous amène à étudier un cas plus pratique pour lequel la biaxialité n'est pas toujours constante durant le chargement. Ce cas peut être illustré par une traction biaxiale dont les élongations principales λ_1 et λ_2 varient d'une manière sinusoïdale en fonction du temps (chargement cyclique) :

Comme exemple, nous considérons :

$$\lambda_1 = \sin(2\pi t) + 3 \tag{V.24}$$

Et :
$$\lambda_2 = 2\sin(2\pi t) + 3 \tag{V.25}$$

Le paramètre de biaxialité B, donné par relation (V.21), devient :

$$B = 2 - \frac{3}{\lambda_1} \tag{V.26}$$

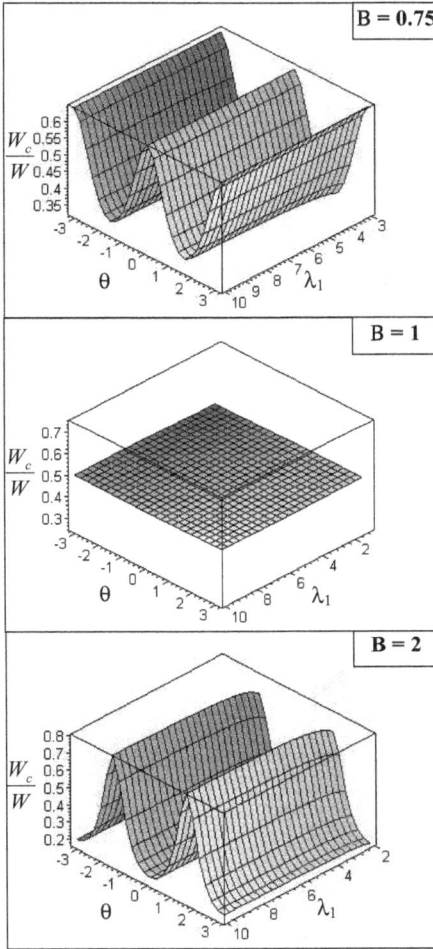

Figure 3. Variation de W_c/W pour la traction biaxiale avec trois valeurs de B.

Les évolutions de λ_1 et λ_2 en fonction du temps sont représentées dans la figure 4 pour un cycle.

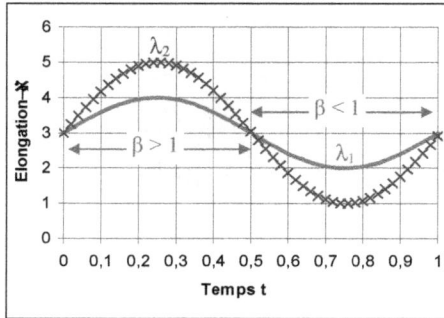

Figure 4. Evolution des élongations principales en fonction du temps.

Le rapport $\dfrac{W_c}{W}$ a été calculé en introduisant λ_1 (rel. V.24) et B (rel. V.26) dans les équations (V.20) et (V.22) et les résultats obtenus sont représentés dans la figure 5 en terme d'évolution du rapport $\dfrac{W_c}{W}$ en fonction de l'angle θ et de l'élongation principale λ_1.

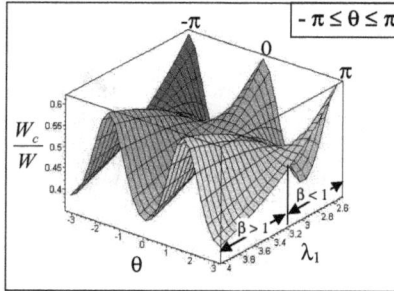

Figure 5. Effet de la biaxialité sur la densité d'énergie de fissuration.

Ce graphe montre bien que le plan qui maximise la densité d'énergie de fissuration est toujours localisée à $\theta = \pm\dfrac{\pi}{2}$ pour $t \in \left]0, \dfrac{\pi}{2}\right[$ et à $\theta = 0$ pour $t \in \left]\dfrac{T}{2}, T\right[$, T étant la période de chargement.

Quand $t = \dfrac{T}{2}$ ou bien $t = T$, le rapport $\dfrac{W_c}{W}$ prend la valeur 0.5 indépendamment de l'angle θ .

Toutefois, le plan critique probable est celui qui maximise l'amplitude de la densité d'énergie de fissuration $(\Delta W_c = W_{c,\max} - W_{c,\min})$ [MAR01b]. Dans ce cas, ce plan coïncide avec les directions $\theta = \pm\dfrac{\pi}{2}$.

V.2.3.3. Cisaillement Simple

Le dernier état de sollicitation étudié est le chargement du cisaillement simple. Les valeurs non

nulles du tenseur $\widetilde{\widetilde{F}}$ dans ce cas sont $\lambda_1 = \lambda^*$, $\lambda_3 = 1$ et pour une condition d'incompressibilité on a

: $\lambda_2 = \dfrac{1}{\lambda_1 \lambda_3} = \lambda^{*-\frac{1}{2}}$, soit : $B = \dfrac{\lambda^*_2}{\lambda^*_1} = \lambda^{*-\frac{3}{2}}$. Le rapport $\dfrac{W_c}{W}$ devient :

$$\frac{W_c}{W} = \frac{\displaystyle\int_1^{\lambda_1^*} \frac{(\lambda^{*-1} - \lambda^{*-3})\cos^2\theta + (\lambda^{*-1} - \lambda^*)\sin^2\theta}{\lambda^{*-2}\cos^2\theta + \lambda^{*2}\sin^2\theta}\, d\lambda^*}{\frac{1}{2}(\lambda_1^{*2} + \lambda_1^{*-2} - 2)} \tag{V.27}$$

Avec :
$$\lambda_{1,2}^{\,*} = \left[2(F_{12}^{\,2} \pm \sqrt{F_{12}^{\,4} + F_{12}^{\,2}}) + 1 \right]^{\frac{1}{2}} \tag{V.28}$$

Les résultats obtenus sont reportés dans la figure 6 en terme d'évolution du rapport $\dfrac{W_c}{W}$ en fonction

de l'angle θ et l'élongation λ_1. Ils montrent que le plan de fissuration critique reste toujours

orthogonal à la direction principale maximale dans la configuration réelle.

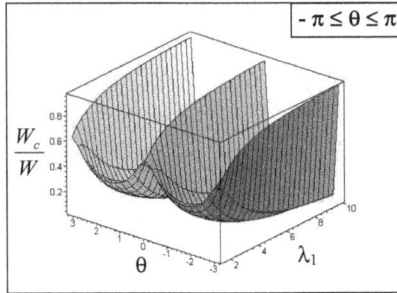

Figure 6. Variation de W_c/W pour le cisaillement simple en grandes déformations.

Néanmoins, ici les directions principales tournent progressivement en fonction du niveau de la

déformation contrairement au cas des petites déformations pour lesquelles la configuration

matérielle et spatiale sont identiques. De plus, le graphique 6 montre clairement que, pour de faibles

valeurs de λ_1, le rapport $\dfrac{W_c}{W}$ prend une valeur proche de 0.5 trouvée en utilisant l'approche des

petites déformations (rel. V.7) et tend vers l'unité en déformation de cisaillement finie.

V.3. Implémentation numérique de la densité d'énergie de fissuration

V.3.1. Intérêt de l'implémentation numérique

Dans la section précédente, la densité d'énergie de fissuration a été analytiquement développée pour les états de chargement usuels. Dans l'objectif de faciliter le calcul mathématique, la loi Néo-Hookéenne a été choisie pour décrire le comportement du matériau. Cette loi peut décrire le comportement des élastomères non chargés et pour une gamme assez restreinte de déformation [TRE43]. Néanmoins, l'addition des charges, qui permet d'améliorer certaines propriétés mécaniques de l'élastomère, change significativement ce comportement et donc, d'autres formes de densité d'énergie sont plus appropriées [OGD72]. D'autre part, les structures en élastomère utilisées dans les applications industrielles et ayant des géométries complexes donnent souvent naissance à un champs de contraintes local non mesurable au laboratoire. Dans de telles situations, une analyse par éléments finis s'impose et la densité d'énergie de fissuration doit être implémentée dans un code de calcul par éléments finis.

V.3.2. Présentation schématique de l'algorithme du programme et démarche d'implémentation

L'algorithme qui permet la détermination de la densité d'énergie de fissuration a été implémenté dans deux codes EF Marc et Ansys (figure 7). Les développements apportés se situent au niveau du post processeur. En effet, pour une structure soumise à un chargement quelconque, les champs locaux de contraintes et de déformations ainsi que leurs évolutions au cours du chargement sont calculés par ces deux logiciels en chaque nœud du modèle et sont introduits comme variables d'entrée dans le programme implémenté. Ce dernier permet ensuite de prédire l'orientation du plan de fissuration ainsi que l'histoire de la densité d'énergie de fissuration dans ce plan.

La démarche d'implémentation numérique du critère consiste d'abord à discrétiser les expressions analytiques de la densité d'énergie de déformation et celle de fissuration définies respectivement d'une manière incrémentale en configuration lagrangienne par :

$$dW = \widetilde{\widetilde{S}} : d\widetilde{\widetilde{E}} \tag{V.29}$$

Et:
$$dW_c = \frac{\vec{R}^T \widetilde{\widetilde{S}} \, d\widetilde{\widetilde{E}} \, \widetilde{\widetilde{C}}^{-1} \vec{R}}{\vec{R}^T \widetilde{\widetilde{C}}^{-1} \vec{R}} \tag{V.30}$$

Après un développement dans la base principale, on obtient les équations discrétisées qui découlent de ces deux expressions :

$$dW_i = S_{11i} dE_{11i} + S_{22i} dE_{22i} \tag{V.31}$$

Et :
$$dW_{c_i} = \frac{(S_{11_i}(2E_{11_i}+1)^{-1}\cos^2(\theta)dE_{11i} + S_{22_i}(2E_{22_i}+1)^{-1}\sin^2(\theta)dE_{22i})}{(2E_{11_i}+1)^{-1}\cos^2(\theta) + (2E_{22_i}+1)^{-1}\sin^2(\theta)}$$ (V.32)

Une maximisation de dW_{c_i} par rapport à l'orientation du plan matériel θ se fait à chaque incrément de déformation pour connaître d'une manière instantanée la direction du plan de fissuration (angle θ) et par conséquent la valeur maximale de dW_{c_i}, $dW_{c_{i,\max}}$ correspondante. Ainsi, l'intégration numérique de dW_i et $dW_{c_{i,\max}}$ se fait d'une manière incrémentale le long du trajet de chargement et permet de déterminer l'histoire du rapport $\dfrac{W_c}{W}$ dans le plan de fissuration.

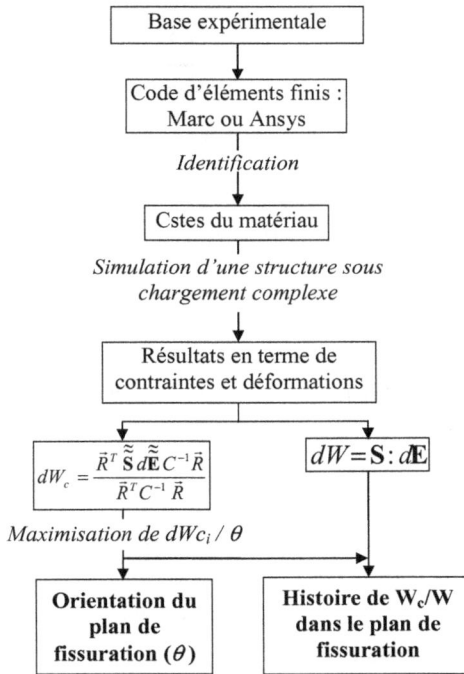

Figure 7. Algorithme pour la détermination de l'orientation du plan de fissuration et de W_c/W dans ce plan.

V.3.3. Résultats numériques pour différentes sollicitations courantes et confrontation avec les résultats analytiques

Dans l'objectif de tester la validité du programme que nous avons développé, les états de chargement usuels (traction simple et équibiaxiale, cisaillement pur et simple ainsi qu'un exemple de traction biaxiale) traités analytiquement ont été simulés en utilisant une loi Néo-Hookéenne. La figure 8 montre une parfaite corrélation entre les résultats numériques et analytiques en terme d'évolution du maximum du rapport $\dfrac{W_c}{W}$ en fonction de l'élongation principale maximale λ_1. Nous avons également trouvé la même orientation du plan de fissuration pour l'ensemble des sollicitations étudiées $(\theta = 0)$.

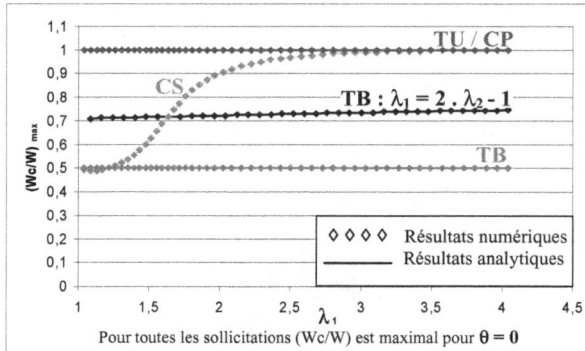

Figure 8. Résultats numériques et analytiques de W_c/W dans le plan de fissuration.

V.3.4. Indépendance du rapport W_c/W vis-à-vis de la loi de comportement

Afin de faciliter les développements analytiques permettant d'evaluer le rapport $\dfrac{W_c}{W}$, nous avons employé une loi Néo-Hookéenne grace à la simplicité de son expression. L'utilisation de la même loi dans les simulations numériques précédentes a été également nécéssaire afin de comparer les résultats numériques et analytiques. Dans ce qui suit, nous montrons que pour un historique de chargement donné, l'evolution du rapport $\dfrac{W_c}{W}$ est indépendante de la densité d'énergie choisie, autrement dit du comportement du matériau. Pour cela, nous illustrons deux exemples qui simulent le cisaillement simple et la traction biaxiale en utilisant trois modèles de densité d'energie de déformation ; une loi de type Ogden developpée jusqu'à l'ordre 3, une loi de Rivlin à trois coéficients et enfin un potentiel Néo-Hookéen.

V.3.4.1. Exemple du cisaillement simple

Nous avons modélisé une pièce en élastomère soumise à un chargement de cisaillement simple en déformation plane. La géométrie, le maillage ainsi que les conditions aux limites sont réprésentés sur la figure 9.

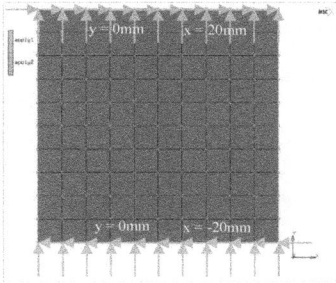

Figure 9. Géométrie, maillage et conditions aux limites d'une pièce soumise au cisaillement simple.

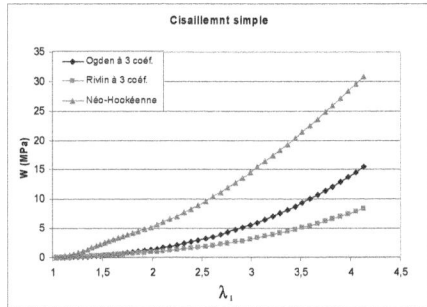

Figure 10. Evolution de la densité d'énergie de déformation au cours du chargement pour les 3 lois.

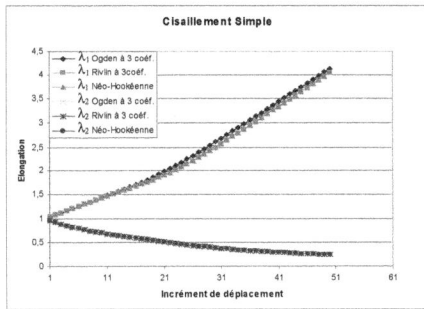

Figure 11. Evolution des élongations principales au cours d'un chargement du cisaillement simple.

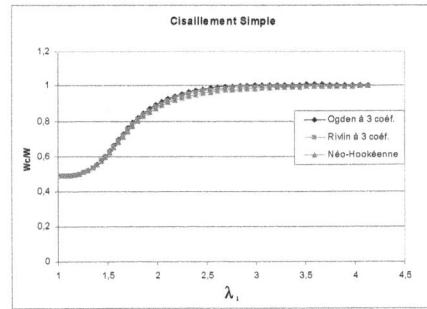

Figure 12. Evolution du rapport W_c/W au cours du chargement utilisant 3 potentiels de déformation.

La figure 10 représente, pour un nœud donné du modèle, l'évolution de chacune des densités d'énergie de déformation en fonction de l'élongation principale maximale. Afin de s'assurer de l'unicité du trajet de chargement pour toutes les lois utilisées, nous avons également tracé l'évolution des élongations principiales λ_1 et λ_2 au cours de la sollicitation (figure 11). Une analyse par éléments finis a été effectuée pour calculer la variation du rapport $\dfrac{W_c}{W}$ tout au long du chargement. Ainsi, on montre à travers la figure 12 une très bonne cohérence des résultats, en terme d'évolution de $\dfrac{W_c}{W}$, en utilisant les trois densités d'énergie de déformation précitées.

V.3.4.2. Exemple de la traction biaxiale

La même analyse a été effectuée en simulant une plaque soumise à un chargement de traction biaxiale en contrainte plane. Les résultats numériques repportés sur la figure 13, montrent que l'evolution du rapport $\dfrac{W_c}{W}$ ne change pas significativment d'une densité d'energie à l'autre.

En effet, à même niveau d'élongation λ_1, l'ecart entre les valeurs de ce rapport evaluées en utilisant la loi d'Ogden ou bien celle de Rivlin par rapport sa valeur calculée sur la base d'une loi Néo-Hookéenne ne dépasse pas 6,5% tout au long du chargement (figure 14).

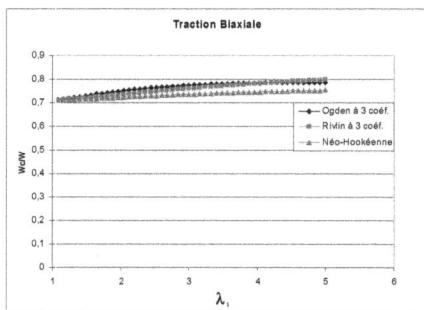

Figure 13. Evolution du rapport W_c/W au cours du chargement utilisant 3 potentiels de déformation.

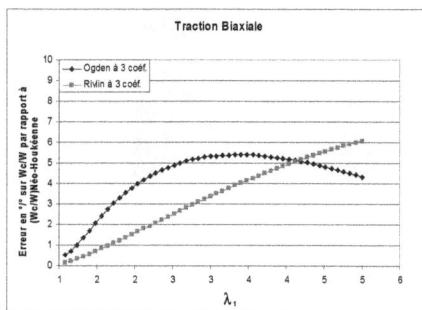

Figure 14. Ecart par rapport à $[W_c/W]_{Néo-Hookéen}$ de deux potentiels de déformation.

Signalons enfin que l'indépendance du rapport $\dfrac{W_c}{W}$ vis-à-vis de la densité d'énergie de déformation a été également vérifiée pour les autres sollicitations courantes telles que la traction uniaxiale, le cisaillement pur et la traction équibiaxiale.

V.3.5. Dépendance de W_c au trajet de chargement

Si nous considérons un état de contrainte et de déformation donné, on peut toujours imaginer une multitude de trajets de chargement qui peuvent mener à ce même état. Contrairement à la densité d'énergie de déformation ou bien la déformation principale maximale qui ne considèrent que l'état actuel de déformation, l'avantage du critère de densité d'énergie de fissuration est qu'il prend en considération tout le trajet de chargement. En effet, prenons comme exemple le cas d'une plaque en élastomère dans un état de traction équibiaxiale, les graphes de la figure 15 illustrent quatre trajets d'évolution de λ_1 et λ_2 qui mènent tous à la fin de la sollicitation vers un état équibiaxial. Le calcul par éléments finis a été mené pour déterminer la variation du maximum du rapport $\dfrac{W_c}{W}$ au cours et en particulier à la fin du chargement, ainsi on montre sur les mêmes graphes que ce rapport est différent d'un cas à l'autre au moment où l'on atteint l'état équibiaxial.

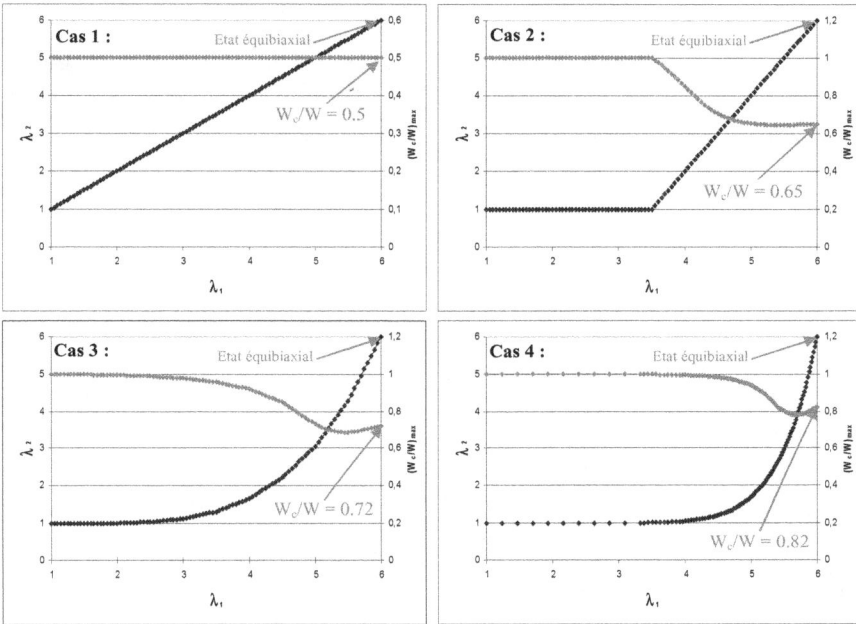

Figure 15. Evolution de $(W_c/W)_{max}$ pour différents trajets de chargement menant à un même état équibiaxial.

Précisons que dans les analyses de durée de vie en fatigue, la dépendance d'un critère vis-à-vis du trajet de chargement est un point crucial. En effet, en dehors des exemples cités précédemment, on peut aussi imaginer une évolution sinusoïdale de l'élongation λ_1, menant également au même état final du chargement, qui permet de créer d'une manière alternée un phénomène d'ouverture et de fermeture des défauts intrinsèques du matériau réduisant ainsi sa durée de vie. De ce fait, des critères tels que la déformation principale maximale ou bien la densité d'énergie de déformation, qui se basent uniquement sur la valeur finale et/ou l'amplitude du chargement sans se préoccuper de ce qui se passe tout au long du trajet de chargement, peuvent dans certaines situations surestimer la durée de vie réelle du matériau.

V.3.6. Application à un cas complexe

Pour illustrer un cas plus complexe que les sollicitations courantes, nous avons aussi modélisé une éprouvette de cisaillement pur contenant un trou en son centre. Une analyse par éléments finis a été menée pour déterminer localement aussi bien l'évolution de la biaxialité que la densité d'énergie de fissuration au cours du chargement. En raison de la symétrie, uniquement un quart de l'éprouvette a été modélisé en utilisant un maillage avec des éléments hyperélastiques quadrilatères à huit nœuds et en imposant les conditions aux limites montrées sur la figure 16.

103

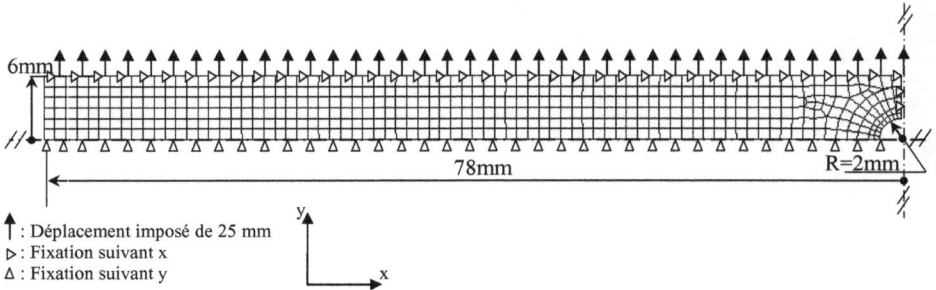

Figure 16. Géométrie, maillage et conditions aux limites pour l'analyse EF de l'éprouvette de cisaillement pur avec trou.

Le chargement est appliqué en affectant un déplacement vertical de 25 mm aux nœuds situés sur l'arrête supérieure du modèle tout en bloquant leur déplacement horizontal. Tandis que tous les nœuds situés sur les axes de symétrie sont forcés à se déplacer uniquement suivant ces axes.

La fonction de densité d'énergie utilisée dans notre analyse pour décrire le comportement mécanique du matériau est de type Ogden [OGD72], développée jusqu'à l'ordre 3. Ce modèle est exprimé en fonction des élongations principales sous la forme suivante :

$$W = \sum_{i=0}^{N} \frac{\mu_i}{\alpha_i}(\lambda_1^{\alpha_i} + \lambda_2^{\alpha_i} + \lambda_3^{\alpha_i} - 3) \tag{V.33}$$

Les paramètres μ_i et α_i de cette loi ont été déterminés à l'aide des essais monotones sur des éprouvettes de traction uniaxiale et de cisaillement pur via une procédure expérimentale déjà décrite dans le chapitre précédent. Ces paramètres ont été optimisés en utilisant un algorithme de minimisation d'un logiciel de calcul par éléments finis et les valeurs trouvées sont reportées dans le tableau 3.

$\mu(MPa)$	$\mu_1 = 0.203294$	$\mu_2 = 330.686$	$\mu_3 = 223.939$
α	$\alpha_1 = 3.93181$	$\alpha_2 = -0.025685$	$\alpha_3 = 0.0581963$

Tableau 3. Paramètres du modèle Ogden d'ordre 3.

Un exemple de distribution de la densité d'énergie de déformation autour du trou est montré dans la figure 17.

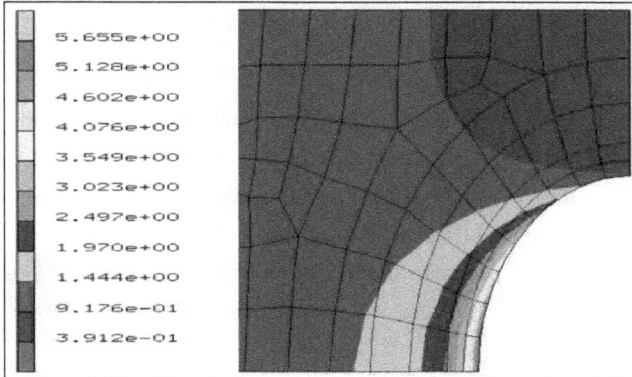

Figure 17. Distribution de la densité d'énergie de déformation autour du trou pour l'éprouvette de cisaillement pur pour un déplacement de 10 mm.

Les analyses par éléments finis effectuées, à l'aide du programme que nous avons implémenté, montrent que le paramètre de biaxialité n dans la zone critique (où la densité d'énergie de déformation est maximale) varie en fonction de l'élongation principale maximale λ_1. Il prend des valeurs ente l'état de cisaillement pur $(n = 0)$ et l'état de la traction simple $(n = -0.5)$ (figure 18). Quant au rapport $\dfrac{W_c}{W}$, il reste constant et égale à 1 indépendamment du niveau de chargement comme le montre clairement la figure 18.

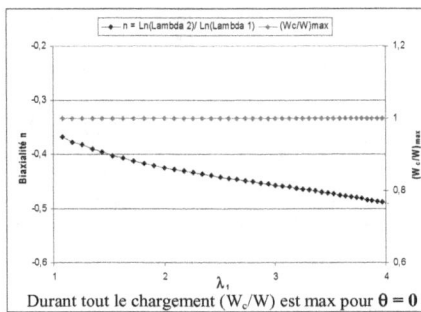

Figure 18. Evolution de la biaxialité et du rapport W_c/W dans la zone critique pour un déplacement de 25 mm.

Il est également intéressant de signaler que le plan de fissuration, dans ce cas, est toujours perpendiculaire à la direction de la déformation principale maximale $(\theta = 0)$.

Pour étendre l'approche précédente aux analyses en fatigue, la même éprouvette a été testée sous un chargement cyclique. La méthode des éléments finis a été utilisée pour calculer, dans la zone critique de l'éprouvette et pour une amplitude de déformation appliquée, la densité d'énergie de fissuration correspondante permettant la prédiction de la durée de vie du matériau.

V.4. Validation expérimentale du critère d'énergie de fissuration

V.4.1. Machine d'essais de fatigue et conditions expérimentales

Tous les essais en fatigue ont été conduits à température ambiante sur une machine hydraulique de type INSTRON 8872 (figure 19). Cette machine offre la possibilité de solliciter des éprouvettes d'une manière cyclique avec des fréquences allant jusqu'à 10Hz et suivant plusieurs modes de chargement. La course du vérin hydraulique monté sur la traverse supérieure est de ±50mm permettant de balayer une large gamme d'amplitudes en traction et/ou en compression. Toutes les mesures issues des capteurs de forces et de déformations sont enregistrées via une carte d'acquisition dans un PC.

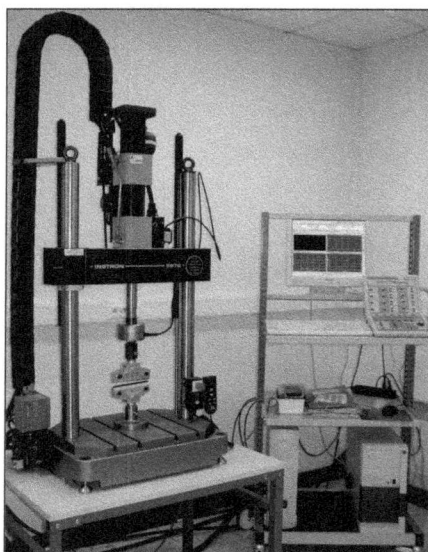

Figure 19. Machine de traction cyclique.

Pour notre étude, des éprouvettes de traction simple et d'autres de cisaillement pur similaires à celles décrites dans le chapitre précédent, ont été testées sous un chargement cyclique à déplacement contrôlé. Le signal du pilotage est tel que la réponse soit quasi-sinusoïdale. Les fréquences choisies varient entre 1 et 4Hz selon l'amplitude de déplacement, permettant de palier aux problèmes d'auto-échauffement des éprouvettes. Les amplitudes de déformation ont été choisies de telle sorte à couvrir une large gamme de durée de vie en fatigue du matériau. Notons finalement que le minimum des déformations imposées est réglé légèrement positif de telle sorte à éviter, d'une part, le flambement des éprouvettes aux premiers cycles et d'autre part, se ramener à un rapport de charge quasi nul une fois les cycles stabilisés.

Concernant les éprouvettes de cisaillement pur et vu la forte concentration de contraintes dans la région R (figure 20), les fissures s'initient aux extrémités plutôt qu'à la partie centrale des éprouvettes. Pour s'affranchir de ce problème, nous étions amené à réaliser un trou au sein de l'éprouvette comme le montre figure 20.

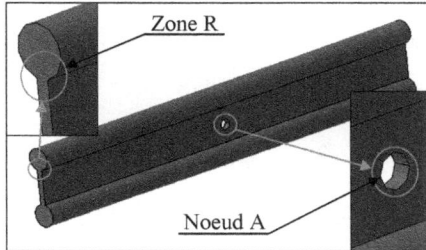

Figure 20. Eprouvette de cisaillement pur avec trou.

Pour ces éprouvettes, les calculs par élément finis ont été effectués pour déterminer le champ de déformations et de contraintes autour du trou, particulièrement dans la région la plus sollicitée qui correspond au nœud A précisé sur la figure 20. L'évolution du rapport $\dfrac{W_c}{W}$ au cours du chargement pour ce nœud a été calculée grâce au programme que nous avons implémenté dans le code d'éléments finis et nous avons trouvé que pour l'ensemble des amplitudes appliquées à l'éprouvette ce rapport est sensiblement proche de l'unité.

V.4.2. Définition de l'amorçage des fissures en fatigue

Avant d'établir tout modèle d'initiation de fissure en fatigue, il est nécessaire de définir au préalable le moment où apparaît un défaut critique au sein de l'éprouvette testée. Cette définition est conventionnelle et dans la littérature deux approches sont utilisés pour déterminer le moment d'amorçage. Une première consiste à observer l'éprouvette testée soit à l'œil nu ou bien à l'aide d'une caméra, la durée de vie d'initiation dans ce cas correspond au nombre de cycles atteint jusqu'à une l'apparition d'une macro fissure de taille critique, généralement de longueur un millimètre [AND99],[SAN06]. Une deuxième technique consiste à analyser la chute de rigidité du matériau au moment de l'amorçage [MAR01b]. Une bonne corrélation des deux techniques a été prouvée récemment par Mars [MAR02b]. En effet, Sur des éprouvettes de traction/torsion testées en fatigue, Mars a constaté expérimentalement que l'amorçage des fissures se produit lorsque les niveaux maximaux de l'effort et du couple atteints au cours du cycle decroient de 15% par rapport à leurs valeurs stabilisées à partir du 128ème cycle. Il a également observé, en photographiant les éprouvettes au cours du chargement, qu'à ces mêmes niveaux d'effort ou bien du couple, des macro fissures, d'un millimètre de taille, apparaissent visuellement avant de se propager d'une manière instable. Signalons finalement qu'en fonction du matériau utilisé, le comportement en propagation n'est pas comparable et par conséquent le choix de la taille critique ou bien le degré de chute de rigidité à l'amorçage reste conventionnel.

Concernant l'ensemble de nos tests cycliques contrôlés en déplacement, nous avons observé que la phase d'initiation d'une macro fissure d'un mm de taille est beaucoup plus importante que la phase de sa propagation. Ce constat est illustré par la figure 21 qui montre l'évolution de l'effort maximal de réaction atteint à chaque cycle en fonction du temps pour trois essais de cisaillement pur.

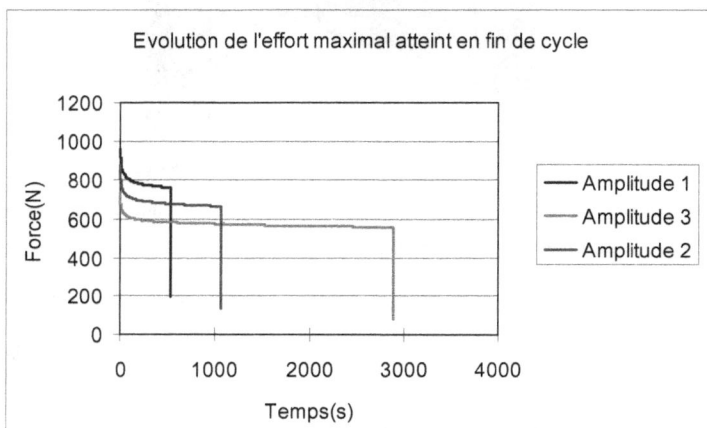

Figure 21. Evolution de l'effort maximal en fonction du nombre de cycles.

En effet, on peut constater que ces courbes sont composées de trois parties : dans un premier temps la force diminue rapidement durant quelques cycles à cause de l'adoucissement du matériau. Après cette phase d'accommodation, la force maximale est stabilisée, cette phase constitue la majeure partie de la durée de vie de notre matériau testé puisqu'elle est suivie d'une troisième partie qui correspond à une chute brutale de l'effort maximal de réaction jusqu'à la rupture totale. De ce fait, la prise en compte du nombre de cycles atteint jusqu'à la rupture totale du matériau testé est considérée comme une bonne approximation de la durée de vie d'initiation en fatigue. Notons que cette hypothèse a été également prise dans les travaux de Mars et a donné des résultats satisfaisants [MAR03b].

V.4.3. Résultats des essais et validation du critère de la densité d'énergie de fissuration

Le tableau 4 résume l'ensemble des essais effectués sur les éprouvettes de traction simple et de cisaillement pur avec les différents paramètres mesurés. Il est intéressant de noter que dans le cas des essais de fatigue, les valeurs mesurées par les capteurs de déplacement et d'efforts correspondent à des mesures globales. A cet effet, une simulation numérique des mêmes éprouvettes testées expérimentalement était nécessaire afin d'évaluer les champs de déformations et de contraintes au lieu d'amorçage des fissures.

Eprouvettes de traction uniaxiale			Eprouvettes de cisaillement pur		
Référence	*Amplitude imposée (mm)*	*N_i (cycles)*	*Référence*	*Amplitude imposée (mm)*	*N_i (cycles)*
TU$_1$	40	1 063 015	CP$_1$	10	8 060
TU$_2$	50	239 000	CP$_2$	10	9 407
TU$_3$	60	31 706	CP$_3$	10	5 774
TU$_4$	70	45 076	CP$_4$	13	1 359
TU$_5$	70	15 781	CP$_5$	13	1 334
TU$_6$	80	13 289	CP$_6$	13	1 152
TU$_7$	80	9 308	CP$_7$	16	810
			CP$_8$	16	967
			CP$_9$	16	726
			CP$_{10}$	16	1 061

Tableau 4. Résultats expérimentaux des essais de fatigue en traction uniaxiale et en cisaillement pur.

Nous avons testé les différents critères établis dans la littérature. Ainsi la déformation principale maximale ε_{max}, la déformation de Green-Lagrange E_{max}, la densité d'énergie de déformation W_{max} et celle de fissuration $W_{c,max}$, la contrainte principale maximale σ_{max} et la contrainte configurationnelle G ont été évaluées numériquement pour chaque amplitude de déformation appliquée. Nous avons également appliqué la procédure détaillée dans le chapitre précédent pour estimer la densité d'énergie des cycles stabilisés W_s correspondant à chaque amplitude de déformation imposée.

Les figures 22-26 représentent sur une échelle logarithmique l'évolution de la durée de vie en fonction des différents paramètres d'endommagement. Si nous considérons séparément les données expérimentales issues des essais de traction uniaxiale et de cisaillement pur, la durée de vie en fatigue peut être écrite sous la forme :

$$N_i = \alpha.P^\gamma \qquad (V.34)$$

Dans l'équation (V.34), P représente le paramètre d'endommagement, α et γ sont des constantes à déterminer.

Les résultats de la figure 22 montrent clairement que la déformation principale maximale ne permet pas de bien corréler à la fois les résultats expérimentaux des essais uniaxiaux (traction uniaxiale) et biaxiaux (cisaillement pur

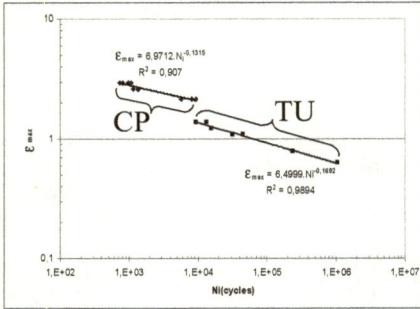

Figure 22. Durées de vie en fonction du maximum de la déformation principale maximale.

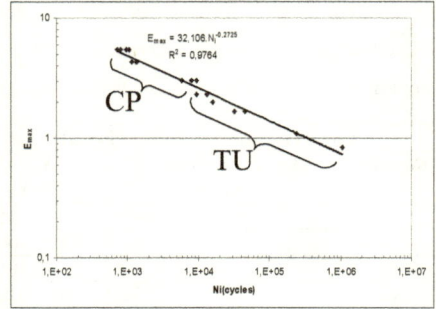

Figure 23. Durées de vie en fonction du maximum de la déformation de Green-Lagrange.

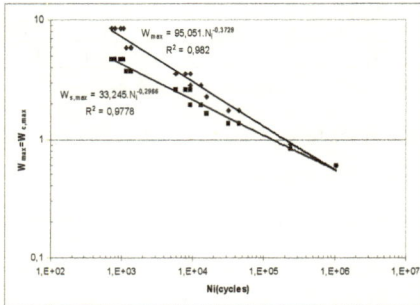

Figure 24. Durées de vie en fonction du maximum de la densité d'énergie de déformation et de fissuration.

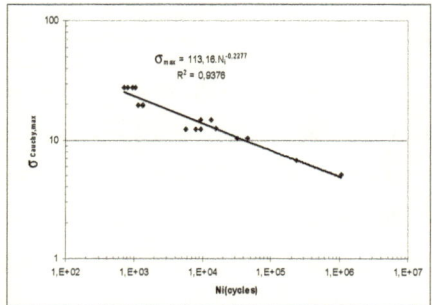

Figure 25. Durées de vie en fonction du maximum de la contrainte maximale de Cauchy.

Cependant, la déformation maximale de Green-Lagrange semble un bon indicateur d'endommagement dans ce cas. En effet, une bonne corrélation est observée sur la figure 23 et tous les point expérimentaux se regroupent sur une seule droite. La même conclusion peut être portée sur le maximum de la densité d'énergie de déformation ou bien celle de fissuration (figure 24). Ce constat est tout à fait raisonnable puisque, comme nous l'avons mentionné auparavant, ces deux paramètres sont égaux ($\left.\frac{W_c}{W}\right|_{num} = 1$) pour les états de chargement étudiés.

Nous pouvons également remarquer sur la figure 24, qu'à la fois la densité d'énergie de déformation calculée à partir d'un comportement monotone (matériau vierge) et celle correspondant au cycle stabilisé, estimée via la procédure détaillée au chapitre précédent, permettent de bien corréler les résultats expérimentaux avec deux équations différentes.

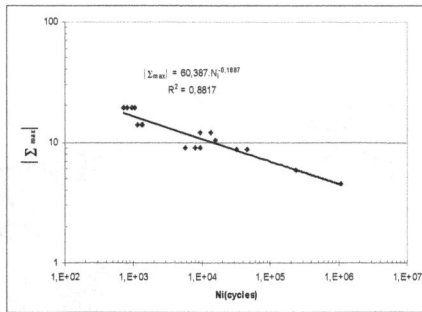

Figure 26. Durées de vie en fonction du maximum de la contrainte configurationnelle.

Enfin, il est important de noter que pour toutes les éprouvettes de traction uniaxiale et de cisaillement pur, nous avons observé que le plan de fissuration est toujours perpendiculaire à la direction de la déformation principale maximale, ce qui est en bon accord avec les résultats numériques $(\theta = 0)$.

V.5. Application aux données expérimentales de la littérature

Dans cette section nous proposons de vérifier la pertinence du critère de densité d'énergie de fissuration sur une partie des résultats expérimentaux établis par Saintier [SAN01]. Ces derniers sont issus des essais de fatigue en traction uniaxiale sur des éprouvettes Diabolos et en torsion sur des éprouvettes axisymétriques AE2. La géométrie de chacune des éprouvettes est donnée par la figure 27.

L'étude qui va suivre portera d'abord sur l'identification de la loi de comportement du matériau d'étude (ici caoutchouc naturel renforcé au noir de carbone) à partir des données expérimentales issues des essais de traction simple sur des éprouvettes lanières. Une validation de la loi de comportement retenue pour les éprouvettes de l'étude sera par la suite nécessaire. Pour ce faire, nous présenterons la procédure numérique permettant la modélisations de ces éprouvettes ainsi que la comparaison entre certaines grandeurs globales mesurées expérimentalement et celles calculées par la méthode des éléments finis. Une fois la loi de comportement identifiée et validée, elle sera exploitée numériquement dans les analyses en fatigue qui seront abordées à la fin de ce chapitre.

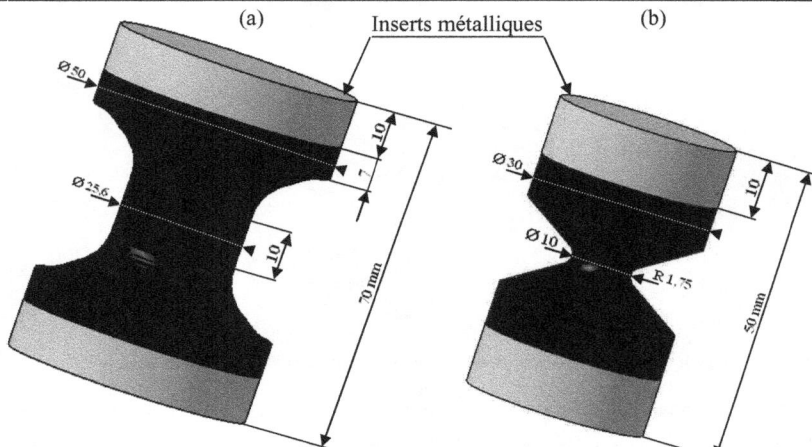

Figure 27. Géométrie de l'éprouvette Diabolo (a) et axisymétrique AE2 (b).

V.5.1. Identification de la loi de comportement

A partir de la base de données expérimentale issue des essais de traction uniaxiale sur des éprouvettes lanières, nous nous somme servis d'un module d'identification incorporé dans le logiciel d'éléments finis Ansys afin de décrire le comportement du matériau étudié. Après une étude comparative de différentes lois hyperélastiques, notre choix s'est finalement porté sur une loi d'Ogden à deux paramètres offrant un meilleur compromis entre la qualité du lissage des résultats expérimentaux et la complexité de son expression. Le jeu de cœfficients retenu après optimisation est reporté dans le tableau 5.

$\mu(MPa)$	$\mu_1 = 0.02606$	$\mu_2 = 342.87$
α	$\alpha_1 = 4.9424$	$\alpha_2 = 0.0048$

Tableau 5. Paramètres de la loi d'Ogden d'ordre 2 issus des essais de traction uniaxiale.

On peut en effet observer sur la figure 28, une bonne corrélation entre le calcul et l'expérience pour toute la gamme de déformation considérée.

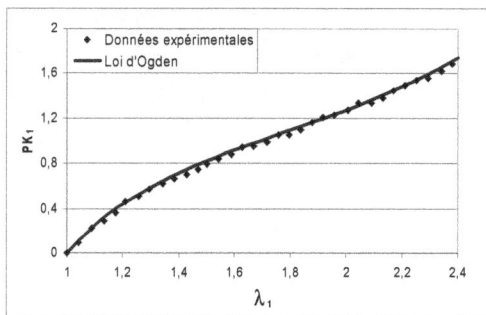

Figure 28. Lissage des résultats expérimentaux en traction uniaxiale par une loi d'Ogden à deux paramètres.

112

Afin de valider la loi de comportement retenue sur les éprouvettes de l'étude, nous procédons à une comparaison entre la réaction globale de l'éprouvette Diabolo, mesurée expérimentalement pour chaque déplacement imposé, et celle calculée par éléments finis. Concernant l'éprouvette axisymétrique AE2, la comparaison entre le calcul numérique et l'expérience porte sur le couple global exercé pour différents niveaux de rotation imposée à l'éprouvette. Dans ce qui suit, nous présenterons la procédure numérique permettant de mener cette comparaison.

V.5.2. Calculs par éléments finis et validation de la loi de comportement

Dans le cas des essais de traction simple, la symétrie du problème permet de ne mailler que le quart de la section de l'éprouvette Diabolo. Le calcul est alors un calcul 2D axisymétrique et le maillage ainsi que les conditions aux limites sont représentés sur la figure 29. Pour les essais de torsion, le calcul 3D est nécessaire.

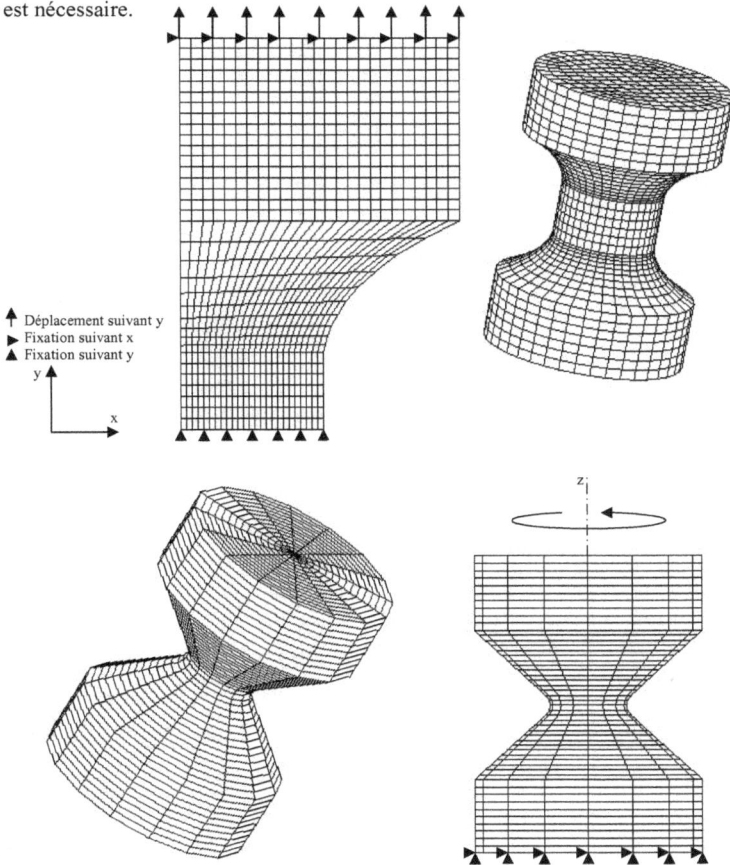

Figures 29, 30. Maillage et conditions aux limites pour l'éprouvette Diabolo et l'éprouvette axisymétrique AE2.

Nous nous intéressons à présent à l'aptitude de la loi de comportement identifiée sur lanières à décrire le comportement des éprouvettes Diabolos et axisymétriques AE2. Les figures 31 et 32 montrent une comparaison entre les courbes de chargement et les résultats de calcul et dans tous les cas, l'adéquation entre la courbe simulée et expérimentale est très satisfaisante. Le jeu de cœfficients identifié précédemment est donc conservé. Il sera utilisé dans toutes les simulations numériques qui seront faites ultérieurement pour la détermination des variables d'endommagement permettant la prédiction de la durée de vie en fatigue du matériau.

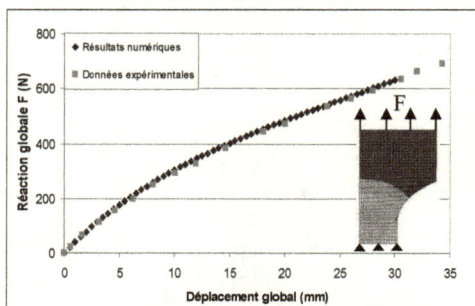

Figure 31. Comparaison des résultats numériques et expérimentaux pour l'éprouvette Diabolo.

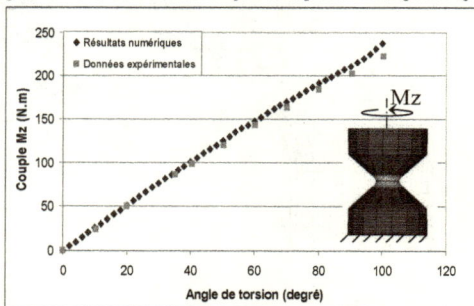

Figure 32. Comparaison des résultats numériques et expérimentaux pour l'éprouvette axisymétrique AE2.

V.5.2. Modélisation de la durée de vie en fatigue

Comme nous l'avons signalé auparavant, la pertinence d'un critère de fatigue réside dans sa capacité à prédire l'amorçage des fissures, leur orientation ainsi que la durée de vie du matériau quel que soit le chargement appliqué. Concernant la localisation des amorçages, la synthèse des essais de fatigue sur Diabolos, réalisés par Saintier, montre que l'amorçage se situe dans la zone de concentration de contrainte induite par le raccordement entre la partie cylindrique et les congés. Ce résultat est bien confirmé par la densité d'énergie de fissuration sur la figure 33 et ce sont les grandeurs mécaniques situées dans cette région qui seront utilisées dans les analyses en fatigue. Quant à l'orientation des fissures, l'amorçage apparaît perpendiculairement à la direction de traction pour les éprouvettes Diabolos comme le prévoit bien le critère de densité d'énergie de fissuration. Cette direction correspond à un mode d'ouverture et une propagation de fissure en mode I.

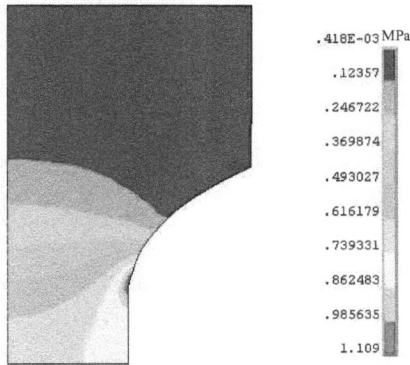

.418E-03 MPa
.12357
.246722
.369874
.493027
.616179
.739331
.862483
.985635
1.109

Figure 33. Localisation de l'amorçage pour l'éprouvette Diabolo.

Dans le cas des essais de torsion sur les éprouvettes axisymétriques AE2, l'amorçage se localise à proximité immédiate du fond d'entaille dans une bande de 400µm, dans la zone de concentration de contrainte. Ce résultat est également bien décrit par le critère de densité d'énergie de fissuration comme le montre la figure 34.

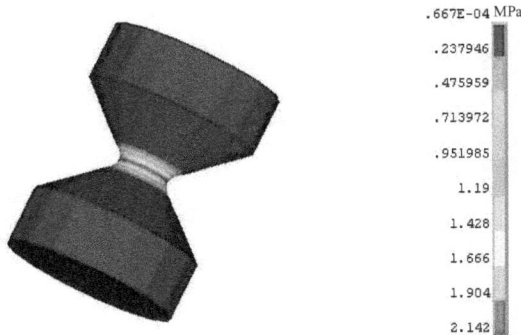

.667E-04 MPa
.237946
.475959
.713972
.951985
1.19
1.428
1.666
1.904
2.142

Figure 34. Localisation de l'amorçage pour l'éprouvette axisymétrique AE2.

Le plan de fissuration prédit par le calcul de la densité d'énergie de fissuration est perpendiculaire à la direction de la déformation principale maximale. Là encore, cette direction correspond à un mode d'ouverture et une propagation de fissure en mode I. Ainsi la prédiction de l'orientation de la fissure $\alpha_{fissure}$, dans la configuration non déformée, donnée par le calcul de W_c pour différents angles imposés à l'éprouvette AE2 est en bon accord avec les mesures expérimentales tel que le montre la figure 35. Signalons que, puisque l'amorçage n'est pas localisé strictement en fond d'entaille, les résultats numériques sont donnés pour deux nœuds du maillage. Le premier situé en fond d'entaille (N1), le second à 400μm de celui-ci suivant l'axe de l'éprouvette (N2).

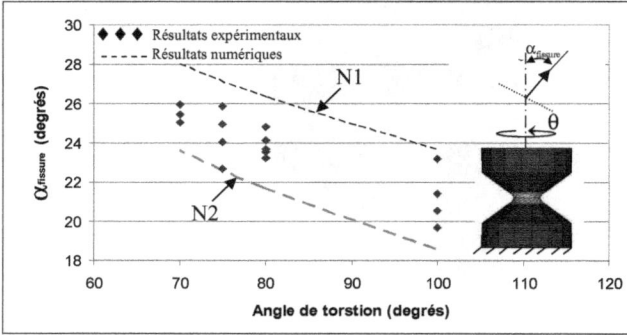

Figure 35. Comparaison entre l'orientation des fissures mesurée et prédite par la densité d'énergie de fissuration pour l'éprouvette axisymétrique AE2.

Nous allons maintenant aborder la dernière partie de cette section en analysant la capacité du critère de densité d'énergie de fissuration à corréler les données expérimentales issues des deux essais de traction uniaxiale et de torsion. Les tableaux 6 et 7 récapitulent, pour chaque type d'essai, l'amplitude du chargement appliqué ainsi que la durée de vie expérimentale correspondant.

Pour les deux types d'éprouvettes testées, une analyse par élément finis est effectuée afin de déterminer, pour chaque amplitude de chargement, la densité d'énergie de déformation et celle de fissuration aux lieux d'amorçage des fissures. Ainsi les résultats obtenus sont tracés, sur un diagramme log-log de la figure 36, en terme de durées de vie en fonction de la densité d'énergie de fissuration.

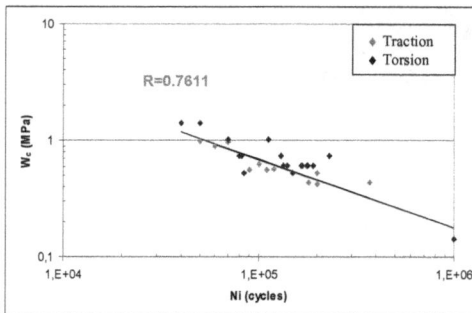

Figure 36. Corrélation des résultats de fatigue en traction uniaxiale et en torsion en fonction du maximum de la densité d'énergie de fissuration.

On peut en effet observer une bonne corrélation des résultats expérimentaux issus des essais de fatigue en traction uniaxiale et en torsion. Rappelons également qu'il existe à la base une dispersion dans certains résultats expérimentaux pour les mêmes conditions de chargement comme on peut le remarquer clairement sur le tableau 7. Ceci bien évidement ne peut pas être pris en compte par un critère de fatigue quel que soit le degré de sa pertinence.

Référence	Déplacement global	Durée de vie	W	W_c
Diab 1	16,5	370 000	0,4133	0,4133
Diab 2	27,2	50 000	0,95075	0,9368
Diab 3	19,5	120 000	0,549	0,549
Diab 4	17	200 000	0,435	0,435
Diab 5	20,6	100 000	0,597	0,597
Diab 6	19,2	90 000	0,53725	0,5255
Diab 7	25,6	60 000	0,8544	0,8544
Diab 8	16,3	200 000	0,40265	0,392
Diab 9	16,5	180 000	0,4133	0,4133
Diab 10	19,2	110 000	0,53725	0,53725
Diab 11	27	70 000	0,9368	0,9368

Tableau 6. Durées de vie en fatigue pour les essais de traction uniaxiale sur Diabolo [San01].

Référence	Angle de rotation global	Durée de vie	W	W_c
AE 1	100°	50 000	2,1108	1,396
AE 2	80°	130 000	1,1581	0,7396
AE 3	90°	70 000	1,5649	1,0185
AE 4	70°	150 000	0,8419	0,5262
AE 5	70°	84 000	0,8419	0,5262
AE 6	80°	80 000	1,1581	0,7396
AE 7	90°	112 000	1,5649	1,0185
AE 8	40°	1 000 000	0,248	0,143
AE 9	70°	84 000	0,8419	0,5262
AE 10	80°	82 000	1,1581	0,7396
AE 11	70°	150 000	0,8419	0,5262
AE 12	100°	40 000	2,1108	1,396
AE 13	100°	50 000	2,1108	1,396
AE 14	75°	140 000	0,9593	0,6049
AE 15	75°	167 000	0,9593	0,6049
AE 16	75°	166 000	0,9593	0,6049
AE 17	75°	178 000	0,9593	0,6049
AE 18	75°	176 000	0,9593	0,6049
AE 19	75°	190 000	0,9593	0,6049
AE 20	75°	134 000	0,9593	0,6049
AE 21	75°	140 000	0,9593	0,6049
AE 22	80°	230 000	1,1581	0,7396
AE 23	100°	40 000	2,1108	1,396

Tableau 7. Durées de vie en fatigue pour les essais de torsion sur éprouvettes axisymétriques AE2[San01].

Signalons finalement que, là encore, la densité d'énergie de déformation corrèle moins bien les résultats de fatigue en traction uniaxiale et en torsion comme illustré sur la figure 37. L'intérêt d'utiliser le critère de densité d'énergie de fissuration, issu d'une approche par plan critique, est ici confirmé pour des essais aux champs mécaniques différents.

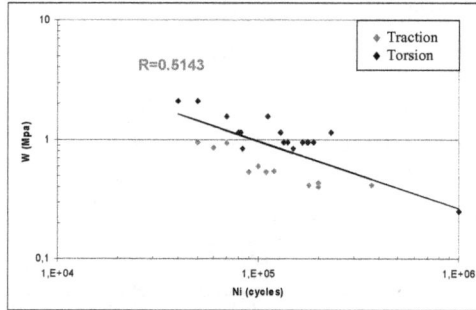

Figure 37. Corrélation des résultats de fatigue en traction uniaxiale et en torsion en fonction du maximum de la densité d'énergie de déformation.

Conclusion et perspectives

L'objectif principal de ce travail était la recherche d'un critère en fatigue des élastomères permettant de la prise en compte des effets du chargement multiaxial. Pour ce faire, Il a été nécessaire d'exposer, en premier lieu, une revue des différentes études réalisées sur ces matériaux, complexes tant au niveau de leur physico-chimie que de leur comportement mécanique , ainsi que des différentes lois permettant de restituer ce comportement.

Nous avons présenté, en second lieu, le matériau de l'étude type Styrène Butadiène (SBR) chargé ainsi que les techniques expérimentales employées pour la caractérisation de son comportement mécanique. En effet, la mise en place d'un protocole expérimental comprenant des essais de traction uniaxiale et de cisaillement pur a permis d'obtenir une base de données exploitable pour la description du comportement local du matériau choisi, dans le cadre formel de l'hyperélasticité. Ainsi, disposant d'une base de données expérimentale et d'un module d'identification incorporé dans un logiciel de calcul par éléments finis, une étude comparative de différentes lois constitutives hyperélastiques a été effectuée. Ceci nous a conduit au choix de la densité d'énergie de déformation la plus appropriée pour la modélisation du comportement mécanique du SBR étudié. Afin de prendre en considération l'adoucissement du matériau, nous avons réalisé des essais cycliques sur des éprouvettes de traction uniaxiale et de cisaillement pur. Les résultats de ces essais nous ont permis de proposer une démarche simple permettant la détermination de l'énergie de déformation d'un cycle stabilisé associée à chaque amplitude de déformation imposée au matériau, sans avoir recours à un modèle robuste.

Par ailleurs, dans l'objectif de rechercher un critère de fatigue multiaxiale unifié pour les milieux élastomères, nous avons présenté d'abord quelques approches existantes qui prédisent l'initiation d'une fissure et son orientation dans de tels matériaux. Une attention particulière a été portée sur le critère proposé récemment par Mars. Il a été présenté sous forme de rapport $\frac{W_c}{W}$ où W_c est la densité d'énergie de déformation disponible pour créer une fissure dans un matériau sain suivant une direction donnée et W est la densité d'énergie de déformation totale fournie. Dans un premier temps, nous avons développé analytiquement ce critère en grandes déformations et nous l'avons appliqué aux matériaux élastomères. Ainsi, quelques états de chargements courants ont été traités analytiquement et les résultats obtenus étaient en bon accord avec les observations expérimentales de la littérature. L'étude a aussi inclus le cas où la biaxialité varie au cours de la déformation qui mène à la variation du rapport $\frac{W_c}{W}$ dans le plan d'initiation de la fissure.

Puisque le calcul analytique était basé sur une loi Néo-Hookéenne, utilisée pour sa simplicité d'écriture, nous avons ensuite été amené à implémenter le critère dans un code d'éléments finis. Cela permet de traiter numériquement des structures complexes en utilisant des lois constitutives des matériaux aussi élaborés que nécessaire. En simulant les différentes sollicitations usuelles traitées analytiquement, nous avons obtenu une parfaite cohérence entre les résultats analytiques et numériques s'assurant ainsi de la validité de l'implémentation. Nous avons également mis en évidence deux points particuliers mettant en valeur le critère d'énergie de fissuration. Le premier point consistait à vérifier, à travers les états de chargement classiques, l'indépendance du rapport $\dfrac{W_c}{W}$ vis-à-vis de la densité d'énergie utilisée. Nous avons montré dans un second lieu une dépendance du paramètre W_c au trajet de chargement. C'est une différence essentielle par rapport à l'énergie de déformation qui par définition ne dépend que de l'état final de la sollicitation.

Finalement nous avons mené une série de tests expérimentaux en fatigue comprenant des essais uniaxiaux (traction simple) et biaxiaux (cisaillement pur). Les résultats de ces essais montrent que le maximum de la déformation principale maximale n'est pas un paramètre permettant de corréler tous les points expérimentaux. Cependant, le maximum de la déformation principale de Green-Lagrange et celui de la densité d'énergie de fissuration semblent de bons indicateurs d'endommagement pour les tests effectués. La même conclusion peut être portée sur la contrainte maximale de Cauchy et la contrainte configurationnelle avec toutefois une corrélation moins satisfaisante que celle du maximum de la densité d'énergie de fissuration. Nous avons terminé ces travaux par une validation du critère retenu à travers des données expérimentales de la littérature issues des essais de fatigue en traction simple et en torsion. Les résultats obtenus ont révélé l'intérêt d'utiliser le critère de densité d'énergie de fissuration, issu d'une approche par plan critique, et donc ont confirmé la nécessité de ne prendre en considération qu'une fraction de l'énergie de déformation totale pour la prédiction de la durée de vie en fatigue.

Une partie des travaux exposés dans le dernier chapitre de ce mémoire a fait l'objet de plusieurs communications et d'articles, le dernier publié dans le journal international « International Journal of Fatigue » en 2011 sous le titre « Prediction of rubber fatigue life under multiaxial loading » [ZIN04], [ZIN06], [ZIN11].

Conscients du fait que l'établissement d'un critère multiaxial nécessite une gamme assez large de données expérimentales comme celle rapportée récemment par Mars dans la littérature [MAR05], nous envisagerons toutefois de vérifier la validité de cette approche sur notre matériau testé pour d'autres types d'essais incluant des états de chargements non proportionnels. Par ailleurs, l'effet de la déformation (ou de la contrainte) moyenne doit aussi étudié.

Références bibliographiques

[ABR05] Abraham, F., Alshuth, T. and Jerrams, S. (2005) The effect of minimum stress and stress amplitude on the fatigue life of non strain crystallising elastomers. Materials and Design. **26(3)**, 239-245.

[ALE68] Alexander, H. (1968) A constitutive relation for rubber-like materials. International Journal of Engineering Science. **6(9)**, 549-563.

[ALE71] Alexander, H. (1971) Tensile instability of initially spherical balloons. International Journal of Engineering Science. **9(1)**, 151-162.

[AMB91] Ambacher, H., Strauss, M., Kilian, H.G. and Wolff, S. (1991) Reinforcement in the swollen filler-loaded rubbers. Kautschuk Und Gummi Kunstoffe. **44(12)**, 1111-1118.

[AND98] André, N. (1998) Critère local d'amorçage de fissures en fatigue dans un élastomère de type NR. Thèse de doctorat, Ecole Nationale Supérieure des Mines de Paris, France.

[AND99] André, N., Cailletaud, G. and Piques, R. (1999) Haigh diagram for fatigue crack initiation prediction of natural rubber components. Kautschuk Und Gummi Kunstoffe. **52(2)**, 120-123.

[ARR93] Arruda, E. and Boyce, M.C. (1993) A three-dimensional constitutive model for the large stretch behavior of rubber elastic materials. Journal of the Mechanics and Physics of Solids. **41(2)**, 389-412.

[BAH84] Bhate, A.P. and Kardos, J.L. (1984) A novel technique for the determination of high frequency equibiaxial stress-deformation behavior of viscoelastic elastomers. Polymer Engineering and Science. **24 (11)**, 862-868.

[BAT97] Bathias, C., Le Gorju, K., Houel, P., and Berete, Y.N. (1997) Damage characterization of elastomeric composites using X-ray attenuation. In: Reifsnider, K.L., Dillard, D.A. and Cardon. A.H. editors. Progress in durability analysis of composite systems: Third International Conference, Balkema. 103-110.

[BEA64] Beatty, J.R. (1964) Fatigue of rubber. Rubber Chemistry and Technology. **37(5)**, 1341-1364.

[BOR98] Borret, G.M. (1998) Sur la propagation de fissure dans les élastomères. Thèse de doctorat, Ecole Polytechnique, Palaiseau, France.

[BOU03] Bouasse, H. et Carrière, Z. (1903) Courbes de traction du caoutchouc vulcanisé. Annales de la Facultés des Sciences de Toulouse. $2^{\text{ème}}$ série, tome **5**, N° 3, 257-283.

[BOU97] Bouchereau, M.N. (1997) Formulation des élastomères. Génie Mécanique des Caoutchoucs et de Elastomères Thermoplastiques. Edité par C. G'SELL et A. Coupard. ISBN 2-9510704-0-3, Ecole des Mines de Nancy : Apollor. 9-33.

[BUE60] Bueche, F. (1960) Molecular Basis for the Mullins Effect. Journal of Applied Polymer Science. **4(10)**, 107-114.

[BUE61] Bueche, F. (1961) Mullins effect and rubber-filled interaction. Journal of Applied Polymer Science. **5(15)**, 271-281.

[CAD40] Cadwell, S.M., Merrill, R.A., Sloman, C.M. and Yost, F.L. (1940) Dynamic fatigue life of rubber. Industrial and Engineering Chemistry, Analytical Edition. **12(1)**, 19-23.

[CHA02] Charrier, P., Ostoja-Kuczynski, E., Verron, E., Gornet, L. and Chagnon. G. (2002) Influence of loading conditions on fatigue properties of filled elastomers. Proceedings of International Rubber Conference. Prague, Czech Republic.

[CHA94] Charlton, D.J., Yang, J. and Teh, K. (1994) A review of methods to characterize rubber elastic behavior for use in finite element analysis. Rubber Chemistry and Technology. **67(3)**, 481-503.

[CLE99] Clément, F. (1999) Etude des mécanismes de renforcement dans les réseaux polymdiméthylsiloxane chargés avec de la silice. Thèse de doctorat, Université Paris VI, France.

[DAN66] Dannenberg, E.M. (1966) Molecular slippage mechanism of reinforcement. Transactions Institute of Rubber Industry. **42**, 26-42.

[DAN75] Dannenberg, E.M. (1975) The effects of surface chemical interactions on the properties of filler-reinforced rubbers. Rubber Chemistry and Technology. **48(3)**, 410-444.

[DEV76] De Vries, A.J. and Bonnebat, C. (1976) Uni- and biaxial stretching of chlorinated pvc sheets. A fundamental study of thermoformability. Polymer Engineering and Science. **16(2)**, 93-100.

[DIA99] Diani, J. (1999) Contribution à l'étude du comportement élastique et de l'endommagement des matériaux élastomères. Thèse de doctorat, Ecole Normale Supérieure de Cachan, Paris, France.

[FAT88] Fatemi, A. and Socie, D.F. (1988) A critical plane approach to multiaxial fatigue damage including out-of-phase loading. Fatigue and Fracture of Engineering Materials and Structures. **11(3)**, 149-165.

[FIE43] Fielding, J.H. (1943). Flex life and crystallization of synthetic rubber. Industrial and Engineering Chemistry. **35(12)**, 1259-1261.

[FLO44] Flory, P.J. (1944) Network structure and the elastic properties of vulcanized rubber. Chemical Reviews. **35(1)**, 51-75.

[FLO67] Flory, P.J. (1967) Principles of polymer chemistry. Cornell University Press. Ithaca New York. 432-493.

[GEN58] Gent, A.N. and Thomas, A.G. (1958) Forms of the stored (strain) energy function for vulcanized rubber. Journal of Polymer Science. **28(118)**, 625-628.

[GEN64] Gent, A.N., Lindley, P.B. and Thomas A.G. (1964) Cut growth and fatigue of rubbers. I. The relationship between cut growth and fatigue. Journal of Applied Polymer Science. **8(1)**, 455-466.

[GRE63a] Greensmith, H.W. (1963) Rupture of rubber. X. The change in stored energy on making a small cut in a test piece held in simple extension. Journal of Applied Polymer Science. **7(3)**, 993-1002.

[GRE63b] Greensmith, H.W., Mullins, L., and Thomas, A.G. (1963) The chemistry and physics of rubber-like substances. Edited by L. Bateman, John Wiley & sons, New York, chapter 10, section III Cut growth and fatigue failure, pp 286; by; copyright by The Natural Rubber Producers "Research Association.

[GRI20] Griffith, A.A. (1920) The phenomena of rupture and flow in solids. Philosophical Transactions of the Royal Society of London. Series A, **221**, 163-198.

[HAR65] Harwood, J.A.C., Mullins, L. and Payne, A.R. (1965) Stress softening in natural rubber vulcanizates. Part II. Stress softening effects in pure gum and filler loaded rubbers. Journal of Applied Polymer Science. **9(9)**, 3011-3021.

[HAR66] Hart-Smith, L.J. (1966) Elasticity parameters for finite deformations of rubber-like Materials. Zeitschrift für Angewandte Mathematik und Physik. **17**, 608-626.

[HAR66a] Harwood, J.A.C. and Payne, A.R. (1966) Stress softening in natural rubber vulcanizates. Part III. Carbon black-filled vulcanizates. Journal of Applied Polymer Science. **10(2)**, 315-324.

[HAR66b] Harwood, J.A.C. and Payne, A.R. (1966) Stress softening in natural rubber vulcanizates. Part IV. Unfilled vulcanizates. Journal of Applied Polymer Science. **10(8)**, 1203-1211.

[HES63] Hess, W. and Burgess, K. (1963) Reagglomeration as cause of tread groove cracking. Rubber Chemistry and Technology. **36(3)**, 754-776.

[HEU97] Heuillet, P. et Dugautier, L. (1997) Modélisation du comportement hyperélastique des élastomères compacts. Génie Mécanique des Caoutchoucs et des Elastomères Thermoplastiques. Edité par C. G'SELL et A. Coupard. ISBN 2-9510704-0-3, Ecole des Mines de Nancy : Appollor et INPL.P. 67-103.

[JAM43] James, H.M. and Guth, E. (1943) Theory of the elastic properties of rubber. The Journal of Chemical Physics. **11(10)**, 455-481.

[JAM75a] James, A., Green, A. and Simpson, G.M. (1975) Strain energy functions of rubber. I. Characterization of gum vulcanizates. Journal of Applied Polymer Science. **19(8)**, 2033-2058.

[JAM75b] James, A. and Green, A. (1975) Strain energy functions of rubber. II. The Characterization of filled vulcanizates. Journal of Applied Polymer Science. **19(8)**, 2319-2330.

[KAW81] Kawabata, S., Matsuda, M., Tei, K., and Kawai, H. (1981) Experimental survey of the strain energy density function of isoprene rubber vulcanizate. Macromolecules. **14**, 154-162.

[KUH42] Kuhn, W. and Grün, F. (1942) Beziehungen zwichen elastischen Konstanten und Dehnungsdoppelbrechung hochelastischer Stoff. Kolloideitschrift. **101**, 248-271.

[LAK64] Lake, G.J. and Lindley, P.B. (1964) Cut Growth and Fatigue of Rubbers. II. Experiments on a noncrystallizing rubber. Journal of Applied Polymer Science. **8(2)**, 707-721.

[LAK65] Lake, G.J. and Lindley, P.B (1965) The mechanical fatigue limit for rubber. Journal of Applied Polymer Science. **9(4)**, 1233-1251.

[LAK67] Lake, G.J. and Thomas, A.G. (1967) The strength of highly elastic materials. Proceedings of the Royal Society of London. Series A. Mathematical and Physical Sciences. **300**, 108-119.

[LAK70] Lake, G.J. (1970) Application of fracture mechanics to failure in rubber articles, with particular reference to groove cracking in tyres. International Conference on Yield, Deformation and Fracture of Polymers, Cambridge, UK. 5.3.

[LEC06] Le Cam, J.B. (2006) Endommagement en fatigue des élastomères. Thèse de doctorat, Ecole centrale de Nantes, France.

[LIN72] Lindley, P.B. (1972) Energy for crack growth in model rubber components. Journal of Strain Analysis. **7**, 132-140.

[LIN73] Lindley, P.B. (1973) Relation between hysteresis and the dynamic crack growth resistance of natural rubber. International Journal of Fracture. **9(4)**, 449-462. ok

[LIN74] Lindley, P.B (1974) Le calcul des éléments en caoutchouc naturel dans l'art de l'ingénieur. Technical report, Malayan Rubber Producer's Research Association.

[LU91] Lu, C. (1991) Etude du comportement mécanique et des mécanismes d'endommagement des élastomères en fatigue et en fissuration par fatigue. Thèse de doctorat, Conservatoire National des Arts et Métiers, Paris, France.

[MAR01a] Mars, W.V. and Fatemi, A. (2001) Criteria for fatigue crack nucleation in rubber under multiaxial loading. Constitutive Models for Rubber II, D. Besdo, R. Schuster, J. Ihlemann (eds.), Swets and Zeitlinger, Netherlands. 213-222.

[MAR01b] Mars, W.V. (2001) Multiaxial fatigue of rubber. Ph.D. thesis, University of Toledo, Toledo, Ohio, USA.

[MAR02a] Mars, W.V. and Fatemi, A. (2002) A literature survey of fatigue analysis approaches for rubber. International Journal of Fatigue. **24(9)**, 949-961.

[MAR02b] Mars, W.V. (2002) Cracking energy density as a predictor of fatigue life under multiaxial conditions. Rubber Chemistry and Technology. **75(1)**, 1-18.

[MAR03a] Mars, W.V. and Fatemi, A. (2003) A phenomenological model for the effect of R ratio on fatigue of strain crystallizing rubbers. Rubber Chemistry and Technology. **76(5)**, 1241-1258.

[MAR03b] Mars, W.V. and Fatemi, A. (2003) Fatigue crack nucleation and growth in filled natural rubber. Fatigue and Fracture of Engineering Materials and Structures. **26(9)**, 779-789.

[MAR05a] Mars, W.V. and Fatemi, A. (2005) Multiaxial fatigue of rubber-Part I: Equivalence criteria and theoretical aspects. Fatigue and Fracture of Engineering Materials and Structures. **28(6)**, 515-522.

[MAR05b] Mars, W.V. and Fatemi, A. (2005) Multiaxial fatigue of rubber-part II: Experimental observations and life predictions. Fatigue and Fracture of Engineering Materials and Structures. **28(6)**, 523-538.

[MAR98] Martinon, P. (1998) Caractéristiques des élastomères. Techniques de l'ingénieur, Traité des Constantes Physico-Chimiques. **K2**, Doc. K 380, 1-11.

[MOO40] Mooney, M. (1940) A theory of large elastic deformation. Journal of Applied Physics. **11(9)**, 582-592.

[MUL47] Mullins, L. (1947) Effect of stretching on the properties of rubber. Journal of Rubber Research. **16(12)**, 275-289.

[MUL57] Mullins, L. and Tobin N. (1957) Theoretical model for the elastic behavior of filler-reinforced vulcanized rubbers. Rubber Chemistry and Technology. **30(2)**, 555-571.

[MUL69] Mullins, L. (1969) Softening of rubber by deformation. Rubber Chemistry and Technology. **42(1)**, 339-362.

[MUR02] Murakami, S., Senoo K., Toki S., and Kohjiya, S. (2002) Structural development of natural rubber during uniaxial stretching by in situ wide angle X-ray diffraction using a synchrotron radiation. Polymer. **43(7)**, 2117-2120.

[NAI95] Nait-Abdelaziz, M., Ghfiri, H., Mesmacque, G. and Neviere, R.G. (1995) The J Integral as a fracture criterion of rubber-like materials : a comparative study between a compliance method and an energy separation method. Fracture Mechanics : **25**th Volume, Ed. F. Erdogan, ASTM STP 1220, 380-396, American Society for Testing and Materials.

[OGD72] Ogden, R.W. (1972) Large deformation isotropic elasticity I- on the correlation of theory and experiment for incompressible rubber-like solids. Proceedings of the Royal Society of London. Series A. Mathematical and Physical Sciences. **326**, 565-584.

[OST05] Ostoja-Kuczynski, E. and Charrier, P. (2005) Influence of mean stress and mean strain on fatigue life of carbon black filled natural rubber. Proceedings of 4th European Conference on Constitutive Models for Rubber IV. Stockholm, Sweden. 15-21.

[PAY60] Payne, A.P. (1960) A note on the existence of a Yield Point in the dynamic modulus of loaded vulcanizates. Journal of Applied Polymer Science. **3(7)**, 127-127.

[RAC89] Racimor, P. and NOTTIN, J.P. (1989) Mechanical behavior of solid propellants during tensile test with variable temperature. AIAA-1989-2645, Joint Propulsion Conference, 25th, Monterey, USA, July 10-13. 6p.

[RIV48] Rivlin, R.S. (1948) Large elastic deformation of isotropic materials. IV. Further developments of the general theory. Philosophical Transactions of the Royal Society of London. Series A. Mathematical and Physical Sciences. **241(835)**, 379-397.

[RIV51] Rivlin, R.S. and Saunders, D.W. (1951) Large elastic deformations of isotropic materials. VII. Experiments on the deformation of rubber. Philosophical Transactions of the Royal Society of London. Series A. Mathematical and Physical Sciences. **243(865)**, 251-288.

[RIV53] Rivlin, R.S. and Thomas, A.G. (1953) Rupture of rubber. I. Characteristic energy for tearing. Journal of Polymer Science. **10(3)**, 291-318.

[ROB00] Robisson, A. (2000) Comportement visco-hyperélastique endommageable d'élastomères SBR et PU : Prévision de la durée de vie en fatigue. Thèse de doctorat, Ecole Nationale Supérieure des Mines de Paris, France.

[ROB77] Roberts, B.J. and Benzies, J.B. (1977) The relationship between uniaxial and equibiaxial fatigue in gum and carbon black filled vulcanizates. Proceedings of the International Rubber Conference: Rubbercon'77. Brighton, United Kingdom. **2.1.**, 2.1-2.13.

[SAN01] Saintier, N. (2001) Fatigue multiaxiale dans un élastomère de type NR chargé : mécanismes d'endommagement et critère local d'amorçage de fissure. Thèse de doctorat, Ecole Nationale Supérieure des Mines de Paris, France.

[SAN06a] Saintier, N., Cailletaud. G., and Piques, R. (2006) Multiaxial fatigue life prediction for a natural rubber. International Journal of Fatigue. **28(5-6)**, 530-539.

[SAN06b] Saintier, N., Cailletaud. G., and Piques, R. (2006) Crack initiation and propagation under multiaxial fatigue in a natural rubber. International Journal of Fatigue. **28(1)**, 61-72.

[SMI63] Smith, R. and Black, A. (1963) Service-induced diffusion and nodule formation in rubber stocks. Rubber Chemistry and Technology. **37(2.1)**, 338-347.

[THO58] Thomas, A.G. (1958) Rupture of rubber. V. Cut growth in natural rubber vulcanizates. Journal of Polymer Science. **31(123)**, 467-80.

[TRE43] Treloar, L.R.G. (1943) The elasticity of a network of long-chain molecules (I and II). Transaction of the Faraday Society. **39**, 36-64, 241-246.

[TRE44] Treloar, L.R.G. (1944) Stress-strain data for vulcanised rubber under various types of deformation. Transaction of the Faraday Society. **40**, 59-70.

[TRE46] Treloar, L.R.G. (1946) The statistical length of long-chain molecules. Transaction of the Faraday Society. **42**, 77-82.

[TRE75] Treloar, L.R.G. (1975) The physics of rubber elasticity. Oxford (UK): Oxford University Press.

[TRE79] Treloar, L.R.G. and Riding, G. (1979) A non-Gaussian theory for rubber in biaxial strain. I. Mechanical properties. Proceedings of the Royal Society of London. Series A. Mathematical and Physical Sciences. **369(1737)**, 261-280.

[VER05] Verron, E. (2005) Prediction of fatigue crack initiation in rubber with the help of configurational mechanics. Proceedings of 4th European Conference on Constitutive Models for Rubber IV. Stockholm, Sweden. 3-8.

[VER06] Verron, E., Le Cam, J.B. and Gornet, L. (2006) A multiaxial criterion for crack nucleation in rubber. Mechanics Research Communications. **33(4)**, 493-498.

[WU92] Wu, P.D. and Van Der Giessen, E., (1992) On improved 3-D non-Gaussian network models for rubber elasticity. Mechanics Research Communications. **19(5)**. 427-433.

[WU93] Wu, P.D. and Van Der Giessen, E., (1993) On improved network models for rubber elasticity and their applications to orientation hardening in glassy polymers. Journal of Mechanics and Physics of Solids. **41**(3), 427-456.

[YEO90] Yeoh. O.H. (1990) Characterization of elastic properties of carbon-black-filled rubber vulcanizates. Rubber Chemistry and Technology. **63(5)**, 792-805.

[ZIN04] Zine, A., Benseddiq, N., Naït Abdelaziz, M., Aït Hocine, N. and Bouami, D. (2004) Prediction of rubber fatigue life under multiaxial loading. Proceedings of the International Conference of Influence of Traditional Mathematics and Mechanics on Modern Science and Technology. Messini, Greece. 259-264.

[ZIN06] Zine, A., Benseddiq, N., Naït Abdelaziz, M., Aït Hocine, N. and Bouami, D. (2006) Prediction of rubber fatigue life under multiaxial loading. Fatigue and Fracture of Engineering Materials and Structures. **29(3)**, 267-278.

[ZIN11] Zine, A., Benseddiq, N., Naït Abdelaziz, M. (2011) Prediction of rubber fatigue life under multiaxial loading: Numerical and Experimental investigations. International Journal of Fatigue. **33(10)**, 1360-1368.

Annexe

ETUDE DES MODELES HYPERELASTIQUES

A.1. Introduction

Dans cette annexe, nous passerons en revue les principaux travaux de recherche établis dans la littérature concernant les modèles de comportement hyperélastique quasi-incompressible des matériaux élastomères mettant en évidence la multiplicité des choix. En effet, deux approches existent pour définir une expression analytique de ces potentiels :

- Les approches microscopiques qui identifient le comportement d'une chaîne isolée et tendent de le généraliser à une assemblée statistique de chaînes moyennant un certain nombre d'hypothèses. Mis à part les difficultés théoriques de cette méthode, son avantage est qu'elle fournit des modèles dont les constantes matérielles ont un sens physique.

- Les méthodes macroscopiques ou bien phénoménologiques qui rendent compte directement du comportement mécanique global du matériau sans se préoccuper de sa structure moléculaire. Elles permettent en effet de reproduire d'un point de vue purement mathématique les données expérimentales sans chercher à donner un sens physique aux constantes matérielles.

A.2. Approches statistiques

Sur la base de la théorie statistique gaussienne pour laquelle le caoutchouc vulcanisé est considéré comme un réseau idéal de longues chaînes moléculaires, Treloar [TRE43] a proposé en 1943 une expression de la densité d'énergie de déformation, appelée modèle Néo-Hookéen, en fonction des élongations principales :

$$W = \frac{nkT}{2}(I_1 - 3) = \frac{\mu}{2}(I_1 - 3) \tag{A.1}$$

Où : n : le nombre de chaînes moléculaires par unité de volume

k : la constante de Boltzmann

T : la température absolue

μ : le module de cisaillement du matériau

En 1944, Treloar [TRE44] a démontré les limites de ce modèle en utilisant des données expérimentales obtenues à partir d'une série d'essais en cisaillement pur et en traction uniaxiale et équibiaxiale. Il a en effet vérifié que le modèle Néo-Hookéen donne satisfaction que dans un domaine de déformation assez restreint et ne permet pas de rendre compte de la rigidification du matériau en déformations finies. Notons également que la base de données expérimentale de Treloar a servi ultérieurement de référence à un bon nombre d'auteurs pour valider leurs modèles.

Par ailleurs, l'hypothèse de la théorie statistique Gaussienne qui considère que la chaîne moléculaire peut atteindre une longueur infinie a été remise en cause et Kuhn et Grün [KUH42], qui en 1942, ont utilisé plutôt la théorie statistique non-Gaussienne pour prendre en compte la limite d'extensibilité des chaînes susceptibles d'expliquer l'accroissement de la raideur finale des courbes expérimentales. La limite d'extension d'une chaîne constituée de $\sqrt{N}$ segments est donnée par $\lambda_{max} = \sqrt{N}$. Leurs travaux ont abouti à l'expression de l'énergie de déformation d'une chaîne isolée qui s'écrit sous la forme :

$$w = nkT\left[\frac{\lambda}{\sqrt{N}}\beta + Ln\frac{\beta}{\sinh\beta}\right] \qquad (A.2)$$

Où $\beta = L^{-1}(\frac{\lambda}{\sqrt{N}})$ et L^{-1} est l'inverse de la fonction de Langevin définie par :

$$L(x) = \coth(x) - \frac{1}{x} \qquad (A.3)$$

La contrainte de Cauchy pour une chaîne isolée est alors :

$$\sigma_{ch} = \lambda\frac{\partial w}{\partial\lambda} = \lambda kT\sqrt{N}L^{-1}(\frac{\lambda}{\sqrt{N}}) \qquad (A.4)$$

En se basant sur la théorie statistique non-Gaussienne de l'élasticité d'une chaîne isolée de Kuhn et Grün, James et Guth [JAM43] ont développé un nouveau modèle appelé modèle à trois chaînes selon lequel les chaînes sont distribuées suivant les trois directions principales de déformation (figure 1).

Les contraintes sont alors calculées par sommation des efforts des $n/3$ chaînes de chaque direction selon l'équation :

$$\sigma_i = \frac{nkT\lambda}{3\sqrt{N}}\lambda_i L^{-1}(\frac{\lambda_i}{\sqrt{N}}) - p \qquad (A.5)$$

Où p est la pression hydrostatique introduite par l'hypothèse d'incompressibilité.

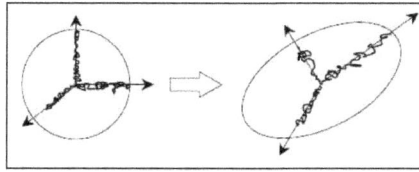

Figure 1. Modèle à trois chaînes.

D'une manière similaire, Flory [FLO44] puis Treloar [TRE46] ont développé un modèle à quatre chaînes distribuées suivant les directions reliant le centre d'un tétraèdre régulier à chacun de ses sommets tel que le montre le schéma de la figure 2. Le tétraèdre est inscrit dans une sphère unité qui se transforme en ellipsoïde au cours de la déformation. Ce modèle a l'inconvénient de ne pas présenter de forme analytique simple puisqu'il nécessite le calcul de la position du centre du tétraèdre à chaque état de la déformation. Pour cette raison, il est peu utilisé d'autant plus que ses performances sont similaires au modèle à trois chaînes [ARR93].

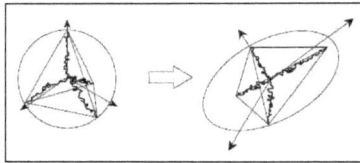

Figure 2. Modèle à quatre chaînes.

Plus tard en 1979, Treloar [TRE79] reprend l'analyse faite sur une chaîne isolée et considère une distribution uniforme de chaînes sur une sphère unité (figure 3). En référence aux modèles à trois et à quatre chaînes, ce modèle est appelé « full chain ».

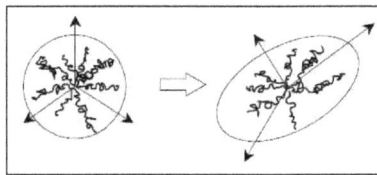

Figure 3. Modèle « full chain ».

Treloar obtient alors, par intégration numérique, la réponse d'un réseau homogène sous sollicitations uniaxiales et biaxiales dont l'expression des contraintes σ_i en fonction des élongations principales macroscopiques λ_i s'écrit :

$$\sigma_i = \frac{1}{4\pi} nkT\sqrt{N} \int_0^\pi \int_0^{2\pi} L^{-1}(\frac{\lambda}{\sqrt{N}})\lambda^4 m_i^2 \sin\theta d\theta d\phi - p \tag{A.6}$$

131

Où $m_1 = \sin\theta\cos\phi$; $m_2 = \sin\theta\sin\phi$; $m_3 = \cos\theta$ et $\lambda^{-2} = \sum_{i=1}^{3}\frac{m_i^2}{\lambda_i}$ \hfill (A.8)

En 1993, Arruda et Boyce [ARR93] reprennent les travaux de James et Guth ainsi que ceux de Flory et Treloar sur les modèles à trois et à quatre chaînes. Ils ont proposé un modèle similaire mais à huit chaînes distribuées suivant les quatre directions privilégiées correspondant aux sommets d'un cube inscrit dans une sphère unité comme le montre la figure 4. On notera que le cube est un autre polyèdre régulier, ce qui permet de répartir simplement la matière en fournissant un modèle isotrope. Un avantage de ce modèle est sa simplicité. En effet, on remarque que lorsque la sphère unité se déforme, toutes les chaînes s'étendent de manière identique, et que la valeur de cette extension λ_{ch} est donnée par la relation suivante :

$$\lambda_{ch} = \frac{\lambda_1^2 + \lambda_2^2 + \lambda_3^2}{3} = \frac{I_1}{3}$$ \hfill (A.9)

Et les contrainte principales sont données par :

$$\sigma_i = \frac{nkT\sqrt{N}}{3}\frac{\lambda_i}{\lambda_{ch}}L^{-1}(\frac{\lambda_{ch}}{\sqrt{N}}) - p$$ \hfill (A.10)

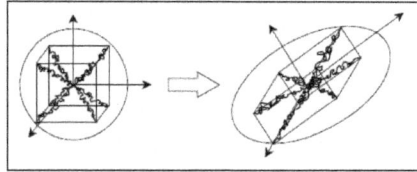

Figure 4. Modèle à huit chaînes.

Dans l'objectif de comparer les modèles non-Gaussiens précédents, Wu et Van Der Giessen [WU92] ont exploité les résultats expérimentaux de James et Guth. Ils ont déterminé les paramètres nkT et N des modèles à trois, à huit et celui du réseau complet à partir des essais uniaxiaux. En utilisant la base de données expérimentale issue de la traction équibiaxiale, ils ont constaté que le modèle à huit chaînes offre la meilleure approximation des résultats expérimentaux.

Signalons enfin que bien que les modèles moléculaires permettent une description mécanique satisfaisante du comportement des matériaux idéaux monophasés, ils nécessitent une bonne connaissance de leur structure microscopique (densité de réticulation, nombre de monomères par chaîne). En outre, la structure de tels matériaux, supposée parfaite, semble très différente de celle des matériaux réels dont le réseau macromoléculaire correspond à une structure enchevêtrée et contient généralement des charges renforçantes, des chaînes et des cycles pendants. Une seconde alternative consiste à utiliser les modèles phénoménologiques dont les paramètres sont simplement identifiés à partir des résultats expérimentaux macroscopiques sans se préoccuper de leur signification physique.

A.3. Approches phénoménologiques

Cette approche traite le problème en utilisant les principes de la mécanique des milieux continus. On analyse les contraintes et les déformations sans devoir recourir à la description microscopique de la structure ou à des concepts moléculaires.

Mooney était le premier à introduire, en 1940, un modèle connu sous le nom du potentiel de Mooney-Rivlin et qui s'exprime à partir des invariants du tenseur de Cauchy-Green droit $\tilde{\tilde{C}}$ [MOO40] :

$$W(I_1, I_2) = C_1(I_1 - 3) + C_2(I_2 - 3) \tag{A.11}$$

Où C_1 et C_2 sont des caractéristiques du matériau à déterminer expérimentalement. Ce modèle est bien adapté pour corréler les résultats expérimentaux des essais de Treloar [TRE44] sur le caoutchouc naturel et pour des déformations modérées. Néanmoins, il n'est pas représentatif des sollicitations biaxiales et du cisaillement pur [MOO40]. Notons que le premier terme de ce modèle correspond au potentiel Néo-Hookéen décrit auparavant.

Un autre modèle généralisant celui de Mooney et de Treloar a été proposé par Rivlin en 1948 en écrivant le potentiel de déformation sous forme polynomiale [RIV48] :

$$W(I_1, I_2) = \sum_{ij}^{N} C_{ij}(I_1 - 3)^i (I_2 - 3)^j \tag{A.12}$$

Dans laquelle N désigne le nombre de termes de la densité d'énergie de déformation.

Ce modèle, bien qu'il comporte beaucoup de paramètres C_{ij}, est implémenté dans de nombreux codes de calcul par éléments finis, et permet une description satisfaisante du comportement d'une large gamme de classes d'élastomères. En pratique, cette série est tronquée à l'ordre 2 ou 3. La troncature à l'ordre 3 nécessite l'identification de neuf constantes.

Le modèle phénoménologique de Yeoh [YEO90], appliqué à des élastomères, est issu de la constatation expérimentale que $\dfrac{\partial W}{\partial I_2}$ est négligeable dans le cas de ces mélanges. Yeoh a alors fait l'hypothèse simplificatrice qui consiste à considérer que $\dfrac{\partial W}{\partial I_2} = 0$, et a proposé une expression de l'énergie de déformation à 3 cœfficients, où le second invariant n'apparaît pas. Elle correspond à une troncature de celle établie par Rivlin :

$$W(I_1, I_2) = C_{10}(I_1 - 3) + C_{20}(I_1 - 3)^2 + C_{30}(I_1 - 3)^3 \qquad (A.13)$$

En 1951, Rivlin et Saunders [RIV51] ont effectué des essais de traction biaxiale en imposant des modes de déformation dans lesquels I_1 ou I_2 est fixé. Après avoir exploité ces essais, ils ont mis en évidence que $\dfrac{\partial W}{\partial I_1}$ est indépendant de I_1 et I_2 et que $\dfrac{\partial W}{\partial I_2}$ est une fonction de I_2 et ne dépend pas de I_1. Au terme de cette étude, ils ont conclu que l'énergie de déformation doit avoir la forme générale suivante :

$$W(I_1, I_2) = C_1(I_1 - 3) + f(I_2 - 3) \qquad (A.14)$$

Où f est une fonction à déterminer expérimentalement.

Gent et Thomas [GEN58] ont proposé une autre forme qui présente l'avantage de ne contenir que deux constantes matérielles et vérifie la forme générale de Rivlin et Saunders :

$$W(I_1, I_2) = C_1(I_1 - 3) + C_2 Ln(\frac{I_2}{3}) \qquad (A.15)$$

D'autres expressions plus complexes ont été introduites par la suite. Citons par exemple le potentiel empirique de Hart-Smith établi en 1966 [HAR66] sous la forme :

$$W(I_1, I_2) = C_1 \int_0^{I_1} \exp[C_3(I_1 - 3)^2] dI_1 + 3C_2 Ln(\frac{I_2}{3}) \qquad (A.16)$$

Alexandre [ALE68] propose en 1968 une généralisation de la densité de Hart-Smith pour les néoprènes en écrivant le potentiel sous la forme :

$$W(I_1, I_2) = C_1 \int_0^{I_1} \exp[C_3(I_1 - 3)^2] dI_1 + C_2 Ln(\frac{I_2 - 2 + C_4}{C_4}) + C_5(I_2 - 3) \qquad (A.17)$$

On peut également citer le potentiel d'Ogden développé en 1972 [OGD72] qui fait intervenir une combinaison linéaire des puissances des élongations principales pouvant se développer à différents ordres :

$$W = \sum_{i=1}^{N} \frac{\alpha_i}{\mu_i} (\lambda_1^{\alpha_i} + \lambda_2^{\alpha_i} + \lambda_3^{\alpha_i} - 3) \qquad (A.18)$$

μ_i et α_i sont des paramètres du matériau à ajuster expérimentalement.

L'avantage de la loi d'Ogden est que sa forme mathématique est suffisamment riche pour offrir, avec peu de termes, un bon lissage des résultats expérimentaux jusqu'à des taux de déformation assez élevés. En général il est possible d'obtenir une très bonne corrélation avec les résultats expérimentaux pour $N = 3$.

Notons enfin qu'il n'existe pas une expression de potentiel qui permet une bonne modélisation de tous les phénomènes observables dans le domaine de l'élasticité non linéaire. Néanmoins, en cherchant à trop élargir le domaine de validité d'une loi de comportement, on perd en précision d'approximation pour chaque cas particulier et l'on risque, en outre, d'aboutir à une expression mathématique trop complexe. Cela explique alors la diversité des modèles utilisés dans la littérature, qui sont caractérisés principalement par leurs domaines de validité (type d'expériences et domaines de déformations pour lesquels ces densités d'énergie sont utilisables).

Par ailleurs, l'existence d'un modèle unifié n'est pas un problème en soi tant que l'on n'étudie pas des pièces susceptibles de subir toutes les déformations possibles dans un domaine de déformation très étendu. En revanche, si on s'intéresse à des pièces présentant simultanément des zones peu déformées et d'autres fortement déformées, il serait indispensable de disposer d'un modèle suffisamment robuste.

Publication

Zine A, Benseddiq N, M. Naït Abdelaziz M (2011), Prediction of rubber fatigue life under multiaxial loading: Numerical and Experimental investigations, **International Journal of Fatigue, vol. 33, no 10, pp. 1360-1368.**

International Journal of Fatigue 33 (2011) 1360–1368

Contents lists available at ScienceDirect

International Journal of Fatigue

journal homepage: www.elsevier.com/locate/ijfatigue

Rubber fatigue life under multiaxial loading: Numerical and experimental investigations

A. Zine [a,*], N. Benseddiq [b], M. Naït Abdelaziz [a]

[a] Ecole Polytechnique Universitaire de Lille, LML (UMR CNRS 8107), Cité Scientifique, avenue P. Langevin, 59655 Villeneuve d'Ascq Cedex, France
[b] Institut Universitaire de Technologie A, IUT-A-GMP, 2 Rue de la Recherche, 59653 Villeneuve d'Ascq Cedex, France

ARTICLE INFO

Article history:
Received 31 October 2010
Received in revised form 2 May 2011
Accepted 2 May 2011
Available online 10 May 2011

Keywords:
Rubber
Multiaxial fatigue
Crack nucleation criterion
Finite strains
Cracking energy density

ABSTRACT

Numerical and experimental aspects of rubber fatigue crack initiation are investigated in this study. A parameter based on the strain energy density (SED) and predicting the onset of primary crack and its probable orientation was identified for such materials according to the investigations of Mars and Fatemi [1]. In a last work, we have analytically developed this criterion for simple tension (UT), biaxial tension (BT) and simple shear (SS) loadings in the framework of finite strains. The results denote the possibility to predict the orientation plane in which the primary crack would be expected to occur in a material. Then, it was implemented in a finite elements (FE) program. FE and analytical results for the usual strain states were compared and perfect agreement was highlighted. In this study, the load history dependence of the criterion is also pointed out and discussed. Finally, to evaluate life time up to crack nucleation, we have achieved a set of experimental fatigue tests using uniaxial tension (UT) and pure shear (PS) test specimens containing a hole in order to localise the crack initiation. We have also exploited a literature database issued from uniaxial and torsion fatigue tests. The obtained results prove the efficiency of the criterion to describe the fatigue life of rubbers under multiaxial loading.

© 2011 Elsevier Ltd. All rights reserved.

1. Introduction

Capability of rubber, to withstand large strains without permanent deformation, makes it an usual material for many components of machines, vehicles and structures. Since these applications impose generally fluctuating loads, durability and therefore mechanical fatigue, particularly under multiaxial loading, are often of a primary importance.

Typically, the fatigue failure process involves a period during which cracks nucleate in regions that were initially free of observed cracks, followed by a period during which nucleated cracks grow to the point of failure. Two complementary approaches are generally adopted for predicting fatigue life in rubber. The first one, more appropriate for designing engineering parts, consists on predicting crack nucleation life using criteria based on quantities that are defined at a material point, in the framework of continuum mechanics. In the second approach, propagation of pre-existing cracks is described using fracture mechanics concepts.

This study focuses only on the crack nucleation approach. This latter postulates that for a given material, exists an intrinsic fatigue life determined by a criterion generally defined in terms of stresses and/or strains. The relevance of such criteria is closely related to their capability to characterise the material fatigue life regardless of the specimen geometry or the kind of loading.

For this approach, fatigue crack nucleation life was defined, conventionally, as the number of cycles required to create a crack of a certain size in a structure initially free of defects or to cause a loss of mechanical stiffness.

The most widely criteria used to predict fatigue crack nucleation life for rubber are the maximum principal strain (MPS) and the strain energy density. However, neither of these parameters is applicable to multiaxial loading conditions. Indeed, applied as a scalar criterion, the SED cannot predict the fact that the crack surface appears in a specific orientation and consequently does not account that, for multiaxial conditions, only one part of the total spent energy play a role in the crack nucleation process. In addition, SED and MPS criteria can remain constant and predict infinite life particularly in non-proportional loading situations that actually result in finite life (cyclic opening and shearing of embedded flaws with constant value of the criterion) [1–3].

Finally these two parameters do not account for crack closure and fail to predict large life differences between simple tension and simple compression loadings.

Criteria based on stresses were also proposed [4,5]. Nevertheless, their efficiency in both unifying multiaxial fatigue data and modelling fatigue life reinforcement in rubbers is revealed limited.

Recent research has introduced critical plane approaches that account for material plane orientation. Indeed, it is always shown,

---

* Corresponding author. Tel./fax: +33 3 20 67 73 26.
E-mail address: adil.zine@univ-lille1.fr (A. Zine).

0142-1123/$ - see front matter © 2011 Elsevier Ltd. All rights reserved.
doi:10.1016/j.ijfatigue.2011.05.005

Nomenclature

BT	biaxial tension	SS	simple shear
$\underset{\approx}{C}$	right Cauchy-Green deformation tensor	$\underset{\approx}{S}$	2nd Piola-Kirchhoff stress tensor
ds	deformed surface element	T	superscript for transposition
dS_0	undeformed surface element	UT	uniaxial tension
dt	time increment	W, SED	strain energy density
$\underset{\approx}{D}$	rate of deformation tensor	W_c	CED cracking energy density
ET	equibiaxial tension	α, γ	coefficient and exponent of the damage equation
$\underset{\approx}{E}$	Green-Lagrange strain tensor	$\vec{\varepsilon}$	strain vector associated with a particular material plane
$\underset{\approx}{F}$	deformation gradient tensor		of interest
n	stretch biaxiality ratio for infinitesimal strain	$\underset{\approx}{\varepsilon}$	small strain tensor
N_i	initiation fatigue life	θ	orientation of a particular material plane of interest
P	damage parameter	$\lambda_1, \lambda_2, \lambda_3$	first, second, and third principal stretches
PS	pure shear	μ_i, α_i	parameters of Ogden strain energy density
PT	planar tension	ρ/ρ_0	ratio of the deformed mass density to the undeformed
$\vec{R}$	normal unit vector in the undeformed configuration		mass density
	defining material plane of interest	$\vec{\sigma}$	Cauchy traction vector associated with a particular
$\vec{r}$	normal unit vector in the deformed configuration defin-		material plane of interest
	ing material plane of interest	$\underset{\approx}{\sigma}$	Cauchy stress tensor.

experimentally, that cracks appear and grow in a particular orientation depending on the type of applied loading. Such parameters associated to this direction can be used to predict crack orientation and nucleation fatigue life of rubber [2,6–10].

Among these works, Mars and Fatemi consider that macroscopic crack nucleation in rubber parts can be seen as the consequence of microscopic defects growth initially present in the virgin material. So they have proposed a nucleation fatigue life criterion namely, the cracking energy density (CED) [2,11]. This parameter represents a part of the total SED available to initiate a crack in a given plane.

Based on microscopic mechanisms observations, Verron and Andriyana confirm the idea of Mars that macroscopic fatigue crack nucleation is mainly due to the propagation of microscopic defects initially present in rubber [9]. So they proposed the concept of cracking energy density proposed by Mars is more appropriate than the classical predictors (strain, stress, strain energy). Thus to rationalize the work of Mars, they proposed the Eshelby tensor to describe fatigue crack nucleation in rubber-like materials. Their results show that this concept could be a promising way to treat fatigue problems of rubber.

In this work, application of fatigue crack initiation in the rubber-like materials under simple and complex loading is considered. A cracking energy density was already analytically developed under finite strains assumption [12] from that introduced by Mars et al. [11]. This criterion seems to predict the crack plane orientation in the case of either simple and biaxial tension or simple shear loadings. Thus, it was implemented in Marc finite elements (FE) code in order to be applied to structures under any type of loading [13]. Then, different static strain field states (uniaxial tension (UT), biaxial tension (BT), pure shear (PS) and simple shear (SS)) were numerically simulated assuming a Neo-Hookean mechanical behaviour of the material. Good agreement was highlighted between the FE calculations and the analytical results in terms of the cracking energy density and the cracking plane prediction. In this study, the independence of the ratio of the CED to SED with respect to the SED model is pointed out. Moreover, the load history dependence of the criterion is shown, illustrated by some typical examples. Finally, we achieved some fatigue tests on specific specimens and we exploited a literature database issued from uniaxial and torsion fatigue tests from witch the obtained results prove once again that this criterion appears to be particularly well suited for use in crack nucleation analyses of multiaxial strain histories.

2. Fatigue crack nucleation criterion

In this present study, the application of the previous approach of Mars and Fatemi in predicting fatigue life is considered. Indeed, according to the authors, the CED criterion noted W_c, is defined incrementally as the dot product of the traction vector $\vec{\sigma}$ with the strain increment vector $d\vec{\varepsilon}$ on this material plane:

$$dWc = (\vec{\sigma} \cdot d\vec{\varepsilon}) = (\vec{r}^T \cdot \underset{\approx}{\sigma}) \cdot (d\underset{\approx}{\varepsilon} \cdot \vec{r}) \tag{1}$$

In relation (1), $\vec{r}$ is the outward normal unit vector in the deformed configuration defining material plane of interest. Under finite strain conditions, this relation (1) can be expressed as:

$$dW_c = \vec{\sigma} \cdot d\vec{\varepsilon} = \vec{\sigma} \cdot \underset{\approx}{D} dt \tag{2}$$

With $\vec{D} = \underset{\approx}{D} \vec{r}$, $\underset{\approx}{D}$ is the rate of deformation tensor and dt is the time increment.

In other way, we know that:

$$\underset{\approx}{\sigma} = \frac{\rho}{\rho_0} \underset{\approx}{F} \underset{\approx}{S} \underset{\approx}{F}^T \tag{3}$$

and

$$\underset{\approx}{D} dt = (\underset{\approx}{F}^T)^{-1} \underset{\approx}{E} \underset{\approx}{F}^{-1} \tag{4}$$

Therefore Eq. (2) becomes:

$$dW_c = (\vec{r}^T \underset{\approx}{\sigma}) \cdot (\underset{\approx}{D} \vec{r} dt) = \vec{r}^T \underset{\approx}{\sigma} \underset{\approx}{D} \vec{r} dt$$

$$= \vec{r}^T \left(\frac{\rho}{\rho_0} \underset{\approx}{F} \underset{\approx}{S} \underset{\approx}{F}^T \right) \left((\underset{\approx}{F}^T)^{-1} d\underset{\approx}{E} \underset{\approx}{F}^{-1} \right) \vec{r} = \frac{\rho}{\rho_0} \vec{r}^T \underset{\approx}{F} \underset{\approx}{S} d\underset{\approx}{E} \underset{\approx}{F}^{-1} \vec{r} \tag{5}$$

In Eq. (5), ρ/ρ_0 is the ratio of the deformed mass density to the undeformed mass density, $\underset{\approx}{S}$ is the 2nd Piola-Kirchhoff stress tensor and $\underset{\approx}{E}$ is the Green-Lagrange strain tensor. On the other hand, the transformation of the undeformed surface element dS_0 with the outward normal unit vector $\vec{R}$ to that on the current configuration ds with the outward normal unit vector $\vec{r}$ is given by:

$$\vec{r} ds = \frac{\rho_0}{\rho} \underset{\approx}{F}^{-T} \vec{R} dS_0 \tag{6}$$

so

$$\|\vec{r}ds\| = ds = \left\|\frac{\rho_0}{\rho}\overset{\approx}{F}^{-T}\vec{R}dS_0\right\| = \frac{\rho_0}{\rho}\|\overset{\approx}{F}^{-T}\vec{R}\|dS_0 \tag{7}$$

Relations (6) and (7) conduct at:

$$\vec{r} = \frac{\overset{\approx}{F}^{-T}\vec{R}}{\left\|\overset{\approx}{F}^{-T}\vec{R}\right\|} \tag{8}$$

This relation represents the transformation of the outward normal unit vector $\vec{r}$ of the deformed condition to the initial state. Note that this relation is a correction to that established by Mars in which the transformation of the surface element is not taken into account. That's allows us to write:

$$\vec{r}^T = \frac{(\overset{\approx}{F}^{-T}\vec{R})^T}{\|\overset{\approx}{F}^{-T}\vec{R}\|} = \frac{\vec{R}^T(\overset{\approx}{F}^{-T})^T}{\|\overset{\approx}{F}^{-T}\vec{R}\|} = \frac{\vec{R}^T\overset{\approx}{F}^{-1}}{\|\overset{\approx}{F}^{-T}\vec{R}\|} \tag{9}$$

Finally if we integrate relations (8) and (9) into (5), we can expresses the initial form of the cracking energy density increment in terms of stress and strain tensors expressed in the undeformed configuration, as follows:

$$dW_c = \frac{\rho}{\rho_o}\frac{\vec{R}^T\overset{\approx}{S}d\overset{\approx}{E}C^{-1}\vec{R}}{\vec{R}^T\overset{\approx}{C}^{-1}\vec{R}} \tag{10}$$

where $\overset{\approx}{C} = \overset{\approx}{F}^T\overset{\approx}{F}$ is the right Cauchy-Green deformation tensor.

Further, we have analytically developed the differential Eq. (10) using a Neo-Hookean SED function, W. Thus, the solutions has been written in term of the ratio W_c/W as a function of the principal stretch ratio λ and the plane orientation angle θ. Indeed, according to Mars [2], the crack nucleation plane (i.e. plane that minimizes the computed life) is the one that maximises this ratio.

We have applied this analysis in the cases of simple tension, biaxial tension and simple shear loadings and the analytical results denoted the possibility to predict the orientation plane in which the primary crack would be expected to occur in a material.

Details of the theoretical aspects as well as analytical applications of the CED parameter can be found in [12,14].

3. Numerical implementation in an FE program

The analytical developments of the CED criterion we previously made were applied to the usual strain states. In order to make the mathematical development easier, a Neo-Hookean constitutive law was chosen to describe the material behaviour. Such a constitutive law generally well describes unfilled rubber behaviours. However, addition of particles, which is a necessary process to enhance the mechanical properties, strongly modifies these behaviours. Thus, more elaborated constitutive laws are therefore required. In another way, rubber components and structures used in industrial applications can exhibit complex geometries leading locally to complex loading paths which cannot be measured. In such situations, FE analysis is required and this fatigue life criterion must be therefore implemented in a FE program.

An algorithm which allows computing of the CED was implemented in two FE softwares. For a given structure subjected to a certain loading history, the local strain and stress components are calculated via Marc or Ansys FE codes. The implemented algorithm is able to calculate, from these local quantities introduced as inputs, the cracking plane orientation (angle θ) and the history of the CED on that plane. Algorithm and implementation procedure are given in [12,14]. Indeed, the calculation of W_c that we perform is incremental, i.e. at each strain increment i, we evaluate a correspondent material plane that maximizes $dWc_i = Wc_i - Wc_{i-1}$. The final critical plane retained at the end of loading (at the end of cycle) is the one

that has accumulated the maximum of W_c throughout all the loading path (over the whole cycle).

The numerical implementation process of the CED parameter involves at first to decretize the analytical expressions of the strain energy density and the cracking energy density defined incrementally in Lagrangian configuration respectively as:

$$dW = \overset{\approx}{S} : d\overset{\approx}{E} \tag{11}$$

and

$$dW_c = \frac{\rho}{\rho_o}\frac{\vec{R}^T\overset{\approx}{S}d\overset{\approx}{E}C^{-1}\vec{R}}{\vec{R}^T\overset{\approx}{C}^{-1}\vec{R}} \tag{12}$$

As an example, a development of these two previous expressions in plane stress leads to the following discretized equations expressed in the principal base basis:

$$dW_i = S_{11_i}dE_{11_i} + S_{22_i}dE_{22_i} \tag{13}$$

and

$$dW_{c_i} = \frac{(S_{11_i}(2E_{11_i}+1)^{-1}\cos^2(\theta)dE_{11_i} + S_{22_i}(2E_{22_i}+1)^{-1}\sin^2(\theta)dE_{22_i})}{(2E_{11_i}+1)^{-1}\cos^2(\theta) + (2E_{22_i}+1)^{-1}\sin^2(\theta)} \tag{14}$$

Maximization of dW_{c_i} with respect to the material plane orientation θ is made, at each strain increment, to determine instantaneously the direction of the cracking plane (angle θ) and therefore the correspondent maximum value of dW_{c_i}: $dW_{c_{i,max}}$. Thus, the numerical integration of dW_i and $dW_{c_{i,max}}$ is computed incrementally along the loading path (over the whole cycle) allowing the determination of the final cracking plane and the history of the ratio W_c/W on that plane.

In order to check the validity of the implemented program, the above usual strain states analytically analysed, were modelled. Fig. 1 shows a comparison between the FE and the analytical results in terms of the ratio W_c/W as function of the stretch λ_1. A perfect agreement is highlighted. Moreover, we have found the same critical plane orientation for all the loading paths (given here by $\theta = 0$).

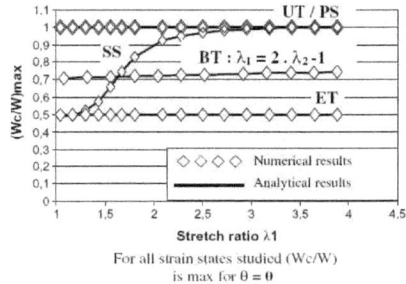

For all strain states studied (W_c/W)
is max for $\theta = 0$

Fig. 1. Numerical an analytical results of W_c/W in the cracking plane for usual strain states.

4. Some properties of the cracking energy density

4.1. Independence of W_c/W with respect to the SED model

To easily achieve the analytical developments allowing the evaluation of the ratio W_c/W, we used a Neo-Hookean law for its simplicity. Hereafter, we show that for a given history loading path, the evolution of the ratio W_c/W in the cracking plane is independent of the SED function. This independence is illustrated in the case of simple shear and biaxial tension loadings and using three arbitrary SED functions: the Ogden law developed up to the third order, the polynomial function of Rivlin (with three parameters) and the Neo-Hookean potential.

4.1.1. Simple shear loading

We have modelled a rubber component subjected to simple shear loading in plane strain. Geometry, mesh and boundary conditions are shown in Fig. 2. For a given node of the modelled rubber component, the evolution of each strain energy density as function of the displacement increment during the simple shear loading is represented in Fig. 3.

In order to ensure the unicity of the strain history for all the used laws, the evolutions of the principal elongations λ_1 and λ_2 during the loading (as function of the displacement increment) are compared. Fig. 4 shows the evolution of the ratio W_c/W using the three SED functions above mentioned. It clearly highlights that this ratio is quite independent on the chosen constitutive law. This statement relating to the independence of W_c/W with respect to the constitutive law, if it is proved as an exact and general result for other material and if it will be confirmed experimentally, can be considered as an important point to make in fatigue analysis.

4.1.2. Biaxial tension loading

Under biaxial tension in plane stress, the numerical results reported in Fig. 5 show that the evolution of the ratio W_c/W does not change significantly with respect to the strain energy density used. Indeed, we have found that the relative variation, compared to $[W_c/W]_{\text{Neo-Hookean}}$, of $[W_c/W]_{\text{Rivlin}}$ and $[W_c/W]_{\text{Ogden}}$ expressed by $\left(\frac{[W_c/W]_{\text{Ogden}} - [W_c/W]_{\text{Neo-Hookean}}}{[W_c/W]_{\text{Neo-Hookean}}} \times 100 \quad \text{or} \quad \frac{[W_c/W]_{\text{Rivlin}} - [W_c/W]_{\text{Neo-Hookean}}}{[W_c/W]_{\text{Neo-Hookean}}} \times 100\right)$, never exceed 6.5% throughout all loading.

Even it is not shown here, the independence of W_c/W with respect to the SED function was also checked for the other usual

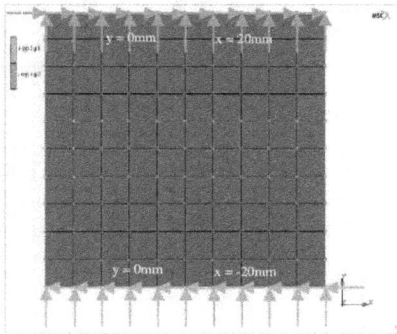

Fig. 3. Evolution of W during the simple shear loading for 3 models of SED.

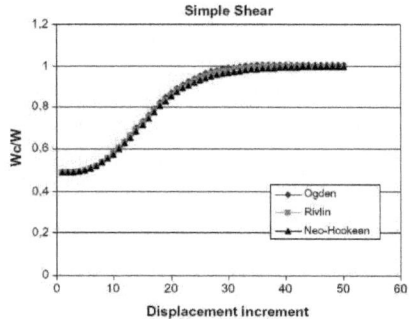

Fig. 4. Evolution of W_c/W during the simple shear loading for three models of SED.

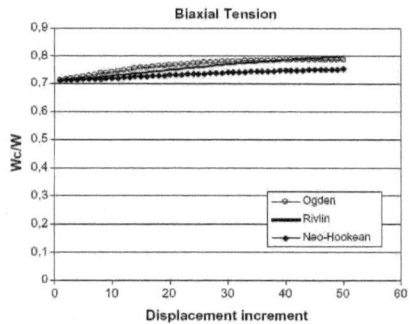

Fig. 2. Geometry, mesh and boundary conditions for a component subjected to simple shear loading.

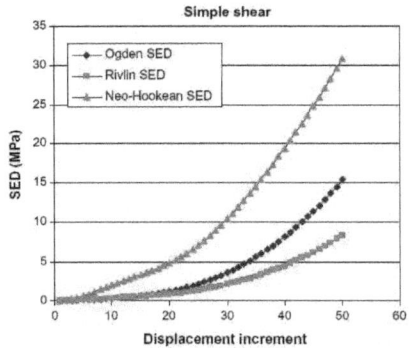

Fig. 5. Evolution of W_c/W during a biaxial tension loading for three models of SED.

strain states such as uniaxial/equibiaxial tension and pure shear loading.

4.2. Dependence of the CED criterion to the strain history path

If we consider a given stress and strain state, it exits infinity of loading paths allowing to reach it. In an other hand, we consider that for a given strain state, the critical plane is not necessarily the one that maximizes W_c calculated at the end of loading (particularly in non-proportional loading situations). Contrary to the SED or the MPS criteria which consider only the current strain state, the CED criterion is able to take into account the entire loading history since it has been developed by considering a numerical integration over the loading path. Indeed, let us illustrate that by analysing, as an example, the case of a sheet subjected to various strain paths but all leading to an equibiaxial tension state at the end of the loading. Fig. 6 presents two selected evolutions of the stretches λ_1 and λ_2. FE calculations were conducted to determine the variation of W_c/W over the entire strain history and particularly at the end of the loading. The final value of W_c/W is clearly different from a loading history to another and proves that the CED criterion is able to distinguish between different load cycles with the same maximum load.

Note finally that this dependence with respect to the loading path may be useful in fatigue analysis and a parameter which is sensitive to the loading history may also be able to correlate experimental results derived from random loadings.

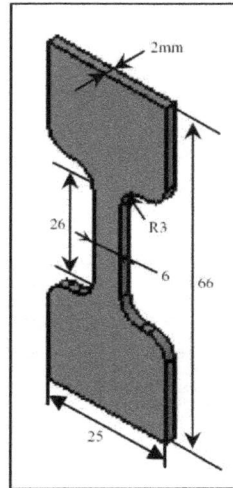

5. Experimental procedures

5.1. Specimens and material characterization

The experiments used specimens molded from a Styrene–Butadiene Rubber (SBR) formulation with 50phr of carbon black. The cure condition was 70 min at 150 °C.

The mechanical behaviour of this material is described by the model of Ogden, developed up to the third order ($N = 3$). It gives the SED as a function of the principal stretches under the following form [15]:

$$W = \sum_{i=0}^{N} \frac{\mu_i}{\alpha_i} (\lambda_1^{\alpha_i} + \lambda_2^{\alpha_i} + \lambda_3^{\alpha_i} - 3) \qquad (15)$$

The material constants μ_i and α_i have been determined from UT and PS tests performed on the specimen, geometries of which are given

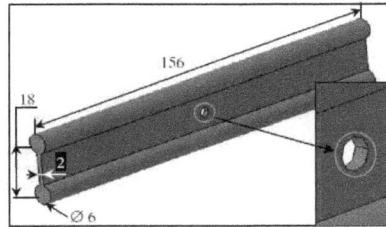

Fig. 7. Simple tension specimen geometry.

Fig. 8. PS specimen geometry with a hole.

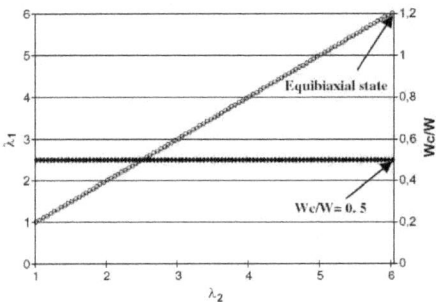

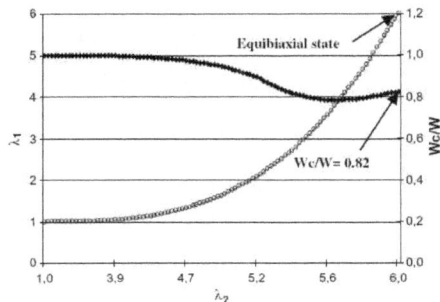

Fig. 6. Evolution of W_c/W for two strain paths leading to the same equibiaxial tension state.

in Figs. 7 and 8 respectively. Values of material parameters and procedure leading to their determination are given in [12,14].

All monotonic tests were achieved using an Instron 5867 testing device at room temperature and under a strain rate of $0.01 \, s^{-1}$. A video measurement method including both a CCD camera and a strain control software is used to estimate the stretches of the specimen during the tests. This equipment also allows controlling the strain rate.

5.2. Fatigue testing

Dynamic fatigue tests were run on Instron 8872 servo hydraulic testing device at room temperature under low frequencies from 1 up to 4 Hz in order to minimize the hysteretic heating effect. The cyclic loading mode was based upon a sine wave function.

Displacement and force data as function of the time were recorded in a PC. All tests were achieved under controlled displacement, the amplitudes of which were selected in order to cover a wide range of the fatigue lives.

Under a constant displacement amplitude, the stress level decreases of about 10% after some 100 cycles. Then it remains quite constant until the onset of crack nucleation.

As noted previously, the fatigue life of rubber is generally taken as the number of cycles required to cause the appearance of a macro crack [4] (conventionally 1 mm length) or to decrease the stiffness of the specimen by a given amount [16]. However, for the tested material, we have observed that time to macro crack nucleation occurrence is about 95% of the total time to complete fracture. So, the number of cycles to complete fracture was taken as the fatigue life.

5.3. Results and discussions

5.3.1. Crack initiation location and propagation direction

For UT and PS specimens, an FE analysis was performed to determine the stress and strain fields. Then, The CED has been computed using the program we have implemented in MARC FE code. It was found that the most stressed region (i. e. that where the CED is maximum) is localised at the medium of the specimens witch correspond to the cracks initiation location observed experimentally. Particularly for the PS specimen, an example of the CED distribution around the hole is given in Fig. 9.

Moreover, the FE results have shown that, for this specimen, the biaxiality ratio in the critical zone varies with the maximum principal stretch λ_1 (Fig. 10). This parameter, defined in this study as: $n = \frac{Ln(\lambda_2)}{Ln(\lambda_1)}$, takes values between the PS state ($n = 0$) and the simple

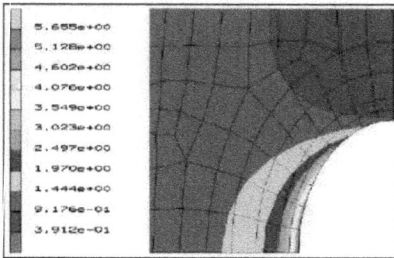

During all loading (Wc/W) is max for $\theta = 0$

Fig. 10. Evolution of the biaxiality, the CED and W_d/W in the critical zone for a displacement of 25 mm.

tension state ($n = -0.5$). The ratio W_c/W remains equal to 1 independently of the strain level as illustrated in Fig. 10.

Finally, it is also interesting to note that the predicted cracking plane orientation for both specimens is always perpendicular to the maximum principal stretch direction ($\theta = 0$) which is in agreement with the experimental observations.

5.3.2. Fatigue life prediction

The aim of this first study relate to the ability of the CED to correlate all experimental results issued from fatigue tests achieved on UT and PS specimens. As mentioned previously, this criterion has been derived from the FE analysis for each stretch amplitude applied to the specimens.

In Fig. 11, the fatigue lives N_i are plotted versus the CED parameter in the double logarithmic coordinates. If we separately consider the data derived from UT and PS tests, the fatigue life can be written in the following form:

$$N_i = \alpha \cdot P^\gamma \tag{16}$$

In Eq. (16), P denotes the damage parameter, α and γ being constants to be determined using the least square method.

The results highlight that the peak of the SED or the CED is seems to be a good damage indicator. Indeed, as clearly shown in Fig. 11, a quite nice agreement is observed and all the data can be fitted by a straight line. Let us remind that, because of the strain states experimentally studied herein, these two parameters are equal, i.e. $(W_c/W)_{num} = 1$ independently of the strain level.

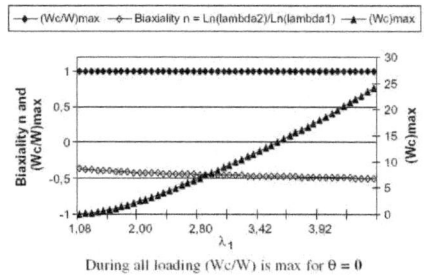

Fig. 9. Distribution of the CED around the hole for the PS specimen and for a displacement of 10 mm.

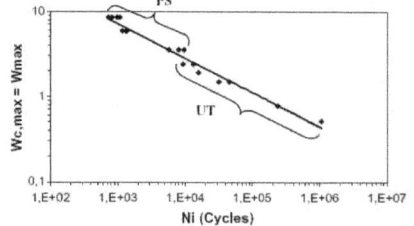

Fig. 11. Fatigue life as function of maximum SED or CED.

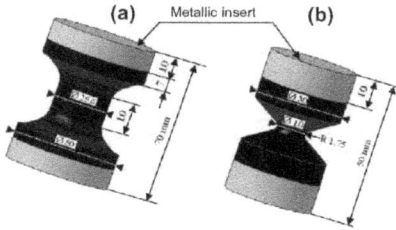

Fig. 12. Diabolo (a) and axisymmetric AE2 (b) specimens geometries.

Table 1
Material constants of the SBR in Ogden model order 2.

μ (MPa)	$\mu_1 = 0.02606$	$\mu_2 = 342.87$
α	$\alpha_1 = 4.9424$	$\alpha_2 = 0.0048$

Hereafter, we will exploit a literature database issued from other strain path fatigue tests to distinguish between the CED and the SED criteria.

6. Application to literature experimental database

6.1. Specimens and material characterization

In this subsection we propose to check the pertinence of the CED criterion to correlate other experimental results from the literature. These are obtained from fatigue tests made by Saintier [6] on uniaxial tension and torsion respectively for Diabolo and axisymmetric specimens AE2. Geometry of each specimen is given in Fig. 12.

The first stage of this study focused on the identification of the constitutive law of studied material (here vulcanized Natural Rubber (NR) cis-1,4-polyisoprene filled with reinforcing carbon black) from experimental data obtained from tensile tests on dumbbell specimen of material [6]. A second-order Ogden constitutive law has been chosen and materiel parameters have been identified using an inverse method F.E. [14]. The two optimised parameters founded are given in Table 1.

6.2. Numerical simulation for validation of the retained constitutive law

In the case of simple tension tests, the symmetry of the problem allows us to mesh only a quarter of the section for the Diabolo specimen, the calculation is then 2D axisymmetric calculation. Otherwise, for torsion tests, the 3D calculation is necessary.

To validate the chosen constitutive law on studied specimens, we conduct a comparison between the response of the Diabolo specimen in term of global load measured experimentally and that calculated by FEM for each applied axial displacement. For the AE2 specimen, the comparison between numerical calculations and experience relates to the overall torque exerted for different levels of rotational twist imposed on the specimen. Procedure conducting this comparison is presented in [14]. Results show that adequacy between simulated and experimental curves is very satisfactory. The set of Ogden law coefficients found previously is therefore retained. It will be used in all numerical simulations that will be made later to determine the damage variables for predicting the material fatigue life.

6.3. Results and discussions

6.3.1. Crack initiation location and propagation direction

As noted previously, the relevance of a fatigue criterion relates to its ability to predict the crack initiation, its orientation and the material fatigue life regardless of the applied loading. Regarding the location of crack initiation, synthesis of fatigue tests on Diabolos, made by Saintier [6], shows that the initiation is localised in the area of stress concentration induced by the connection between the cylindrical part and the fillet radius of the specimen. This result is confirmed by the CED calculations in Fig. 13. So the mechanical parameters located in this region will be used in fatigue analysis. As for the cracks orientation, initiation appears perpendicularly to the tensile direction of Diabolo specimens as is predicted by the cracking energy density. This direction corresponds to mode I crack propagation (opening mode).

In the case of torsion tests on AE2 specimens, primary cracks occur in the area of stress concentration near the notch root in a band of $400\mu m$. This result is also well described by the CED as shown in Fig. 13.

For these last specimens, the cracking plan predicted by the CED is also perpendicular to the direction of maximum principal strain. Again, this direction corresponds to a crack opening mode. Thus

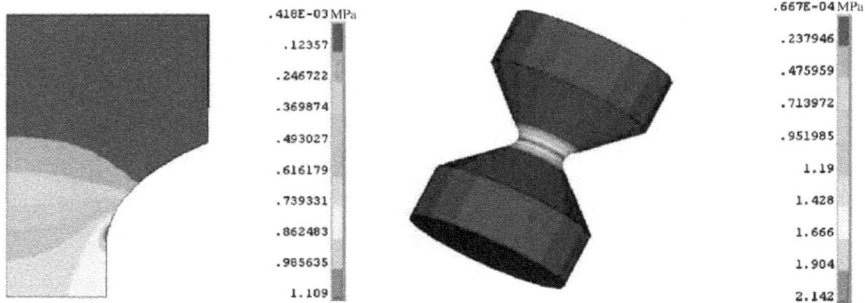

Fig. 13. Prediction by CED of the crack initiation location of Diabolo and AE2 specimens.

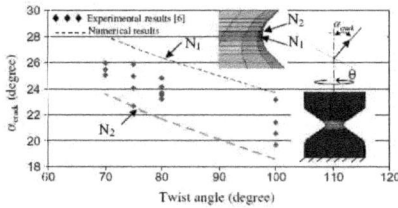

Fig. 14. Comparison of measured cracks orientations and those predicted by CED for AE2 specimen.

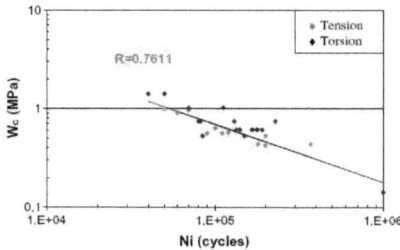

Fig. 15. Fatigue life as function of maximum CED.

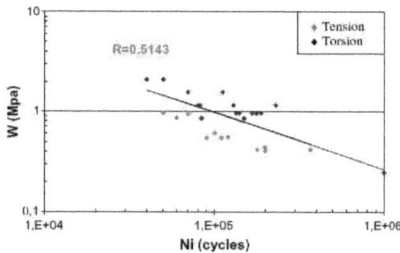

Fig. 16. Fatigue life as function of maximum SED.

the prediction of the crack orientation in the undeformed configuration α_{crack}, given by the calculation for different twist angles imposed to the AE2 specimen is in good agreement with experimental measurements as shown in Fig. 14. Noted that, since the crack initiation is not localised strictly in the notch root, numerical results are given for two nodes in the mesh. The first is located at notch root (N_1), the second at 400 μm of the last node in the axial direction of the specimen (N_2).

6.3.2. Fatigue life prediction

We will now interest to analyze the ability of the CED to correlate experimental data issued from both uniaxial tension and torsion tests. All fatigue tests made by Saintier were conducted at room temperature and at low frequency (1 Hz). For each loading condition, the number of cycles corresponds to the occurrence of a 1 mm long crack was measured. All cracks were observed to nucleate at the specimen surface.

For both types of tested specimens, a FE analysis is performed to determine, for each amplitude loading, the SED and the CED in the stressed region. Thus the results are plotted, on a log–log graph in Fig. 15, in terms of fatigue lives versus the cracking energy density.

We can indeed observe a good correlation of experimental results from fatigue tests in uniaxial tension and torsion. Remember also that there is basically dispersion in some experimental results for the same loading conditions. This obviously cannot be taken into account by a fatigue criterion irrespective of the degree of its relevance.

Finally note that, again, the strain energy density correlates less fatigue results in uniaxial tension and torsion as shown in Fig. 16. So the advantage of using the CED criterion, based on a critical plane approach is here confirmed for different mechanical stress field.

7. Conclusion

In this study, we have presented some numerical and experimental aspects of rubber fatigue crack initiation focusing our attention on a recently criterion proposed by Mars [11], namely the cracking energy density W_c. It is presented as a dimensionless ratio W_c/W, where W_c is the SED actually available to create the first crack in the virgin sheet and W is the spent total SED.

Because the analytical analysis, that we have previously developed [12], is limited to both usual strain states and Neo-Hookean constitutive law, the CED criterion has been implemented in a FE program. That allows both the analysis of complex structures and the use of more confident constitutive laws. We have firstly found that the FE results are in a very good agreement with the analytical analysis. After, we have shown numerically either the independence of W_c/W with respect to the SED model and the dependence of the CED criterion to the strain history path. It is an essential difference compared to the strain energy density which by definition depends only on the final state of the loading. Our next experimental work will be achieved to confirm these two properties.

Fatigue tests were then achieved using UT and PS specimens. The PS specimen exhibits a biaxiality in the strain field since the strains are constrained in one direction. We have found that either the maximum of the CED or the SED criteria are good damage indicators in the prediction of rubber fatigue life since for the strain states experimentally studied herein, these two parameters are equal.

Finally, in order to distinguish between these two criteria and to enrich the obtained results, we have exploited literature experimental database obtained from uniaxial tension and torsion fatigue tests. The results denote the ability of the CED criterion to predict the crack initiation, its orientation and to unify fatigue lives under uniaxial tension and torsion loadings better than the SED criterion.

Establishing a multiaxial criterion of fatigue crack nucleation requires a large set of data like that recently reported in the literature by Mars and Fatemi [17,18]. So, for our tested material, these results require to be enriched by experimental data basis which explores a wide range of strain states including out-of-phase strain histories and under variable amplitude loading conditions.

As an outlook, it will be interesting to get the evolution of the CED cycle by cycle in order to analyse the damage evolution during fatigue loading. It will offer, eventually, to use the continuum damage mechanics concept coupled with the CED parameter to predict rubber fatigue life.

Moreover, an interesting way of investigation seems also offered by using the Eshelby stress tensor approach to describe fatigue crack nucleation in rubber-like materials.

References

[1] Mars WV, Fatemi A. A literature survey of fatigue analysis approaches for rubber. Int J Fatigue 2002;24:949–61.

[2] Mars WV, Fatemi A. Criteria for fatigue crack nucleation in rubber under multiaxial loading. In: Besdo D, Schuster R, Ihlemann J, editors. Constitutive models for rubber II. Netherlands: Swets and Zeitlinger; 2001. p. 213–22.

[3] Mars WV, Fatemi A. Multiaxial fatigue of rubber – part I: equivalence criteria and theoretical aspects. Fatigue Fract Eng Mater Struct 2005;28:515–22.

[4] Andre N, Cailletaud G, Piques R. Haigh diagram for fatigue crack initiation prediction of natural rubber components. Kautschuk Und Gummi Kunstoffe 1999;52:120–3.

[5] Abraham F, Alshuth T, Jerrams S. The effect of minimum stress and stress amplitude on the fatigue life of non strain crystallising elastomers. Mater Des 2005;26:239–45.

[6] Saintier, N. Multiaxial fatigue life of a natural rubber: crack initiation mechanisms and local fatigue life criterion. PhD dissertation, Ecole des Mines de Paris, France; 2001.

[7] Saintier N, Cailletaud G, Piques R. Multiaxial fatigue life prediction for a natural rubber. Int J Fatigue 2006;28:530–9.

[8] Verron E, Le Cam JB, Gornet L. A multiaxial criterion for crack nucleation in rubber. Mech Res Commun 2006;33:493–8.

[9] Verron E, Andriyana A. Definition of a new predictor for multiaxial fatigue crack nucleation in rubber. J Mech Phys Solids 2008;56:417–43.

[10] Andriyana A, Saintier N, Verron E. Configurational mechanics and critical plane approach: concept and application to fatigue failure analysis of rubberlike materials. Int J Fatigue 2010;32:1627–38.

[11] Mars WV. Cracking energy density as a predictor of fatigue life under multiaxial conditions. Rubber Chem Technol 2002;75:1–17.

[12] Zine A, Benseddiq N, Naït Abdelaziz M, Aït Hocine N, Bouami D. Prediction of rubber fatigue life under multiaxial loading. Fatigue Fract Eng Mater Struct 2006;29:267–78.

[13] MARC user's manual. MARC Analysis Research Corporation; 2003.

[14] A. Zine, Multiaxial fatigue of rubber: toward a unified criterion. PhD thesis, University of Lille, France; 2006.

[15] Ogden RW. Large deformation isotropic elasticity I–on the correlation of theory and experiment for incompressible rubber-like solids. In: Proceedings of the Royal Society of London, series A, vol. 326; 1972. p. 565–84.

[16] Mars WV, Fatemi A. Fatigue crack nucleation and growth in filled natural rubber. Eng Mater Struct 2003;26:779–89.

[17] Mars WV, Fatemi A. Multiaxial fatigue of rubber – part II: experimental observations and life predictions. Fatigue Fract Eng Mater Struct 2005;28:523–38.

[18] Harbour Ryan J, Fatemi A, Mars WV. Fatigue life analysis and predictions for NR and SBR under variable amplitude and multiaxial loading conditions. Int J Fatigue 2008;30:1231–47.

www.ingramcontent.com/pod-product-compliance
Lightning Source LLC
Chambersburg PA
CBHW021102210326
41598CB00016B/1295